ENCYCLOPÉDIE-RORET

MONOGRAPHIE

DES

GREFFES.

MANUELS-RORET.

MONOGRAPHIE
DES GREFFES

OU

DESCRIPTION TECHNIQUE

DES

DIVERSES SORTES DE GREFFES

EMPLOYÉES

POUR LA MULTIPLICATION DES VÉGÉTAUX.

Par **A. THOUIN,**

Membre de l'Institut, Professeur de culture au Muséum d'Histoire
Naturelle.

Ouvrage orné de 8 Planches.

PARIS

A LA LIBRAIRIE ENCYCLOPÉDIQUE DE RORET,
RUE HAUTEFEUILLE, 12.

AVIS.

Le mérite des ouvrages de l'*Encyclopédie-Roret* leur a valu les honneurs de la traduction, de l'imitation et de la contrefaçon. Pour distinguer ce volume, il porte la signature de l'Editeur.

NOTICE

sur

ANDRÉ THOUIN.

En publiant cette édition de la *Monographie des Greffes* que nous espérons voir dans les mains de tous les jeunes jardiniers qui comprennent aujourd'hui l'importance de leurs fonctions et la nécessité d'une instruction positive dans les choses naturelles, nous avons pensé qu'un précis des travaux de cet homme célèbre serait bien accueilli par ceux dont il fut toute la vie le véritable ami. Ils y verront ce que peut la constance dans le travail, unie à la ferme volonté d'étudier.

Jean-André Thouin son père, habile pépiniériste, fut, en 1745, choisi par Buffon pour jardinier en chef du Jardin du Roi. C'est dans son logement, contigu aux serres, qu'André Thouin vit le jour le 10 février 1747 : des feuilles et des fleurs furent les premiers objets qui frappèrent ses regards, comme pour lui prédire que sa vie devait être consacrée à l'étude de la nature végétale. Tout jeune il secondait son père, et son caractère réfléchi et studieux le rendit praticien habile avant que la théorie, qu'il étudia ensuite, vînt lui expliquer les causes des effets qu'il avait observés et comparés.

Cette vocation naturelle fut un bonheur pour lui, car à 17 ans il perdit son père, et se trouva, par ce malheur, l'unique soutien de sa mère et de cinq frères et sœurs dont il était l'aîné. La régularité de sa conduite, qui fut toujours exemplaire, et le savoir déjà prodigieux qu'il avait acquis et que Buffon sut apprécier, décidèrent cet illustre naturaliste à lui donner la place de son père. Ce fut un grand sujet d'étonnement pour le roi Louis XV, amateur de botanique, qui, avant de confirmer ce choix, eut besoin que Bernard de Jussieu et le jardinier Richard, de Trianon, lui fissent l'éloge, justement mérité, du jeune Thouin, qui le justifia de la manière la plus complète.

Dès cette époque, Thouin, dévoué comme un fils à

Buffon et à Bernard de Jussieu, dont il ne prononça jamais les noms sans une louable émotion, fut tout entier à ses travaux qu'il accomplissait avec une ardeur indicible et une intelligence qui lui portait bonheur. Son activité était incroyable ; il trouvait le temps de remplir ses fonctions, d'augmenter ses connaissances, d'entretenir sur tous les points du globe la correspondance la plus étendue, et d'écrire des mémoires, notices et instructions pour la Société Royale d'agriculture dont il devint membre en 1784, pour l'Académie des Sciences qui se l'associa en 1786, pour les Annales du Muséum, et un grand nombre d'articles pour la nouvelle Encyclopédie méthodique de Panckoucke, pour le supplément au Cours d'Agriculture de Rozier, pour le Dictionnaire d'Histoire Naturelle et le nouveau Cours d'Agriculture publiés par Déterville, sans compter d'immenses manuscrits qu'il laissa à sa mort, et enfin sa Monographie de la Greffe que nous réimprimons, et qui est un résumé d'observations longuement acquises et d'expériences bien des fois renouvelées.

Nommé par la Convention professeur au Muséum d'Histoire Naturelle pour le cours de culture et de naturalisation des végétaux étrangers, il remplit ce cours avec éclat ; il reçut diverses missions dont il s'acquitta avec zèle et succès ; mais ce fut toujours avec bonheur qu'il revint au Jardin des Plantes qui fut son berceau, et qu'il regardait comme son œuvre. Aussi sa sollicitude incessante était d'augmenter les espèces végétales qu'il contenait. Ce n'était pas pour le vain honneur de rendre ses collections plus complètes, mais pour pouvoir étudier sérieusement les plantes utiles, qu'il répandait ensuite sur le territoire continental et colonial de la France, et dont il recommandait la culture comme une richesse de plus.

L'espace ne nous permet pas d'énumérer tous les végétaux dont il a enrichi le Muséum et notre territoire, mais nous pouvons rappeler qu'un grand nombre de bons fruits, des arbres forestiers, des robiniers, le marronnier à fleurs rouges, le tilleul argenté et tant d'autres, lui sont dus; la canne d'O-Taïti, l'arbre à pain furent, par ses soins, multipliés dans les colonies, et le *phormium tenax*, ce lin si précieux de la Nouvelle-Zélande, est une importation dont il a doté la France continentale.

Tous ces soins, toutes ces occupations ne le détournaient point des devoirs de la famille, auxquels il ne faillit jamais, et qui furent sans doute la cause qui lui fit garder le célibat. Leur accomplissement lui offrait les seules distractions que pussent lui permettre ses travaux si multipliés, et ils suffisaient d'ailleurs à ses goûts et à ses habitudes sédentaires. Il s'éloignait rarement du Jardin qui semblait nécessaire à son existence. Il n'assistait aux séances de l'Institut et de la Société d'Agriculture, que lorsque quelque sujet intéressant réclamait sa présence. Ennemi du faste, il se refusait aux invitations qu'il recevait de toutes parts des plus hauts personnages, parce qu'elles l'auraient distrait de sa société chérie, les plantes du Jardin. Il portait rarement aussi la croix d'honneur dont Napoléon l'avait honoré.

Franc et ferme avec ses supérieurs, il était doux et affable envers ses subordonnés ; il sut leur inspirer ce dévouement respectueux qui n'admet point d'obstacles dans l'exécution des ordres, quels qu'ils soient.

A. Thouin est un des hommes qui ont le plus illustré le Jardin des Plantes. Ses connaissances en botanique, en physiologie végétale et en culture, étaient vastes et précises, et le rendaient précieux pour les fonctions qu'il avait à remplir. A ces qualités qui faisaient de lui un savant professeur, il joignait celles d'un bon citoyen, et dans les tristes temps de la terreur, son modeste logement du Jardin des Plantes fut un asile où plus d'un proscrit a trouvé une hospitalité à laquelle il a dû la vie.

Après une carrière si laborieuse et si honorable, A. Thouin fut enlevé à la France le 27 octobre 1824. Il avait

Monographie des Greffes.　　　　　*

heureusement rempli la mission que tout homme de
bien peut espérer sur la terre, celle de s'être acquis
une réputation immortelle de science, et d'avoir conduit
tous les siens au bonheur, en leur créant une position
sociale et en leur apprenant à rester comme lui fidèles
à la vertu.

ROUSSELON.

MONOGRAPHIE

DES GREFFES

OU

DESCRIPTION TECHNIQUE

DES

DIVERSES SORTES DE GREFFES

EMPLOYÉES

POUR LA MULTIPLICATION DES VÉGÉTAUX.

OBSERVATIONS GÉNÉRALES.

L'art de la greffe a été connu dès la plus haute antiquité. Il a été pratiqué par les Carthaginois, qui le tenaient des Phéniciens, leurs ancêtres; les auteurs grecs en font mention comme d'une pratique répandue parmi les cultivateurs de leurs campagnes; enfin les Romains en décrivent, dans les ouvrages qui nous restent d'eux, une assez grande quantité de sortes différentes. On voit qu'ils connaissaient les types des principales des nôtres. Ils pratiquaient celles par approche, en fente, en couronne, en flûte, en écusson et par perforation, et ils en décrivent plus de vingt sortes différentes.

Depuis ce temps, Olivier de Serres, La Quintinie, Agricola, Miller, Duhamel, Cabanis et Rozier ont ajouté aux greffes connues des anciens un nombre à peu près aussi considérable de nouvelles sortes qu'ils ont imaginées, ou fait connaître dans leurs ouvrages, par des descriptions et souvent par des figures.

Enfin, les cultivateurs modernes de toutes les parties de l'Europe ont augmenté de plus du double la somme des connaissances en ce genre, et ils ont porté à plus de cent vingt le nombre de sortes, les variétés et les sous-variétés de greffes connues, plus ou moins pratiquées par les cultivateurs des diverses parties du monde.

La greffe (*incisio*) est une partie de végétal vivante qui, unie à une autre, s'identifie avec elle et croît comme sur son pied naturel lorsque l'analogie entre les individus est suffisante.

Cette voie de multiplication est la plus attrayante pour le cultivateur instruit, parce qu'elle fournit un grand nombre de combinaisons, qui, en exerçant l'esprit, donnent des résultats utiles ou agréables. Elle est aussi la plus facile pour propager rapidement un très-grand nombre de végétaux des plus intéressants.

Son but est : 1° de conserver et de multiplier des variétés, sous-variétés et races d'arbres fruitiers dues au hasard, qui ne se propagent pas avec leurs qualités par la voie des semences, et celles qui se multiplient plus lentement et plus difficilement par tout autre moyen de propagation ;

2o D'accélérer de plusieurs années leur fructification ;

3o D'embellir les fleurs de beaucoup de variétés d'arbres et arbustes d'ornement ;

4o Et enfin de bonifier les fruits des arbres économiques et de hâter les jouissances en augmentant les profits des cultivateurs, des propriétaires, et les moyens d'existence des consommateurs.

La théorie de l'art de la greffe consiste :

1o A ne greffer les unes sur les autres que des variétés de la même espèce, des espèces du même genre, et par extension des genres de la même famille naturelle ;

2o A observer l'analogie des arbres dans les époques du mouvement de leur sève ; dans la permanence ou la caducité de leurs feuilles, et dans les qualités de leurs sucs propres, pour appareiller toutes ces choses entre les sujets;

3o A choisir les époques les plus avantageuses du mouvement de la sève, soit dans son ascension, soit dans son plein ou dans sa descente, pour la réussite des greffes ;

4o A faire coïncider exactement les libers des greffes et, pour quelques-unes, les vaisseaux des étuis médullaires avec ceux des sujets, pour établir le libre cours de leurs fluides montants et descendants ;

5o Et enfin à employer beaucoup de célérité dans l'opération, de justesse dans l'union des parties, d'intelligence et d'activité pour faire tourner au profit de la réussite des greffes toutes les circonstances météorologiques qui peuvent leur être favorables, et à neutraliser autant que possible celles qui peuvent leur être contraires.

Les sujets ne changent pas les caractères de l'espèce des arbres qu'on greffe sur eux, mais ils les modifient souvent dans les dimensions de leurs parties, dans l'aspect de leurs ports, dans la saveur de leurs fruits, et dans la durée de leur existence.

Un grand nombre de faits prouvent qu'une variété délicate, greffée sur une variété plus forte, acquiert une plus grande vigueur. Une espèce sensible à la gelée la brave de même beaucoup mieux lorsqu'elle est greffée sur une autre qui ne la craint pas, comme le prouve la greffe du néflier du Japon sur l'épine.

Je crois, d'après des faits, que les greffes d'arbres étrangers sur des indigènes rustiques, sont des moyens de naturalisation qu'on doit employer toutes les fois qu'on en trouve l'occasion, et qu'on peut s'en servir encore pour naturaliser au sol les racines d'arbres qui refusent d'y croître.

Lorsque deux espèces sont greffées sur un même sujet, celle de ces espèces dont le fruit prédomine enlève la saveur à l'autre. J'ai eu occasion de reconnaître ce fait important sur un abricotier de Nancy et une reine-claude greffés sur prunier; mais cette observation intéressante mérite d'être vérifiée sur un plus grand nombre d'espèces d'arbres.

La greffe, en ralentissant le retour de la sève des

branches aux racines, augmente la grosseur des fruits, et diminue la vigueur des arbres et la durée de leur vie.

Nous divisons le genre des greffes en quatre sections principales ; mais nous les composons de séries et de sortes de greffes très-différentes de celles qui les composaient autrefois. Nous avons réuni dans chacune de ces sections les sortes qui offrent le même caractère essentiel.

La première section, à laquelle nous laissons le nom de *greffes par approche*, parce qu'il est adopté généralement et n'offre pas d'équivoque, renferme toutes les sortes de greffes qui s'effectuent au moyen de quelques-unes des parties des végétaux qui tiennent à un ou à plusieurs individus munis de leurs racines.

La seconde, à laquelle nous donnons le nom de *greffes par scions* ou (*surculi*) *jeunes pousses*, réunit toutes celles qui se pratiquent au moyen de parties boiseuses, telles que bourgeons, ramilles, rameaux et branches, coupées sur un individu et transportées sur un autre, ou à une autre place sur le même arbre. Celle-ci comprend les greffes nommées en fente, en couronne, de côté, et par incision. Ces dénominations sont vagues, puisque pour opérer toutes sortes de greffes il faut faire des fentes, soit dans l'écorce, l'aubier, le bois, soit dans l'étui médullaire. L'indication des parties séparées de leurs pieds, dont on compose les greffes de cette section, ne laisse aucun doute sur les sortes qui doivent la composer. C'est là la raison pour laquelle nous avons cru devoir adopter cette définition de préférence aux anciennes.

La troisième rassemble toutes les greffes faites avec des yeux, boutons ou gemma transportés, avec la portion d'écorce qui les accompagne, d'une place à une autre sur le même ou sur d'autres individus, et nous nommons cette section celle des *greffes par gemma*. Elle est composée de toutes les sortes qu'on nomme vulgairement greffes en écusson, en anneau, en flûte, en sifflet, par boutons, par bourgeons et par inoculation ; tous termes peu indicatifs des objets qu'ils doivent représenter à l'imagination.

La quatrième et dernière se compose des greffes qui s'effectuent au moyen de bourgeons herbacés qui ne sont parvenus qu'au quart, au tiers ou à la moitié de leur croissance. Elles sont nommées, par leur inventeur, M. le baron de Tschudy, *greffes de l'herbe* des plantes et des arbres.

D'après cette méthode de division, il ne reste plus d'équivoque ni d'arbitraire pour le placement des diverses sortes de greffes dans leurs sections, non-seulement pour celui des anciennes, mais même pour les nouvelles et pour celles qui pourront être imaginées par la suite. Il suffit de savoir si les parties greffées tiennent à leurs pieds, si les greffes sont effectuées avec des parties boiseuses séparées de leurs individus, si elles se pratiquent avec des gemma, ou si enfin elles se font avec des bourgeons herbacés, pour les rapporter sans difficulté à leur section ; et comme les sortes qui composent chacune de ces quatre sections des greffes ont un même mode d'exécution, s'effectuent dans la même saison, exigent des appareils à peu près semblables et une culture peu différente , il résultera de cette nouvelle distribution l'établissement de principes généraux, qui pourront guider dans la pratique de la culture de chacune des sortes en particulier.

Cette première distribution est suivie d'une autre qui nous a paru non moins utile ; elle a pour objet de réunir par groupes toutes les sortes d'une même section qui peuvent former des séries particulières, et nous les avons distinguées par des caractères du second ordre faciles à saisir.

Les sortes de greffes ont aussi leurs caractères spécifiques, susceptibles de les faire distinguer les unes des autres ; ces caractères sont presque toujours fondés sur des différences dans la forme, dans le nombre ou la nature de leurs parties, et dans leurs usages. Nous les avons rangées dans leurs séries suivant l'ordre de leurs affinités plus ou moins grandes, et les séries elles-mêmes sont placées dans leurs sections respectives d'après le même principe, en commençant, autant qu'il a été possible, par les plus simples, les plus connues, et finissant par les plus compliquées et les moins pratiquées.

La distinction des variétés est établie sur les différences de dimensions des parties qui constituent les greffes, et ces variétés sont toujours placées à la suite de leurs sortes.

Quant aux sous-variétés dont les différences ne portent le plus souvent que sur des procédés de culture ou sur des dissemblances dans la manière de les exécuter, et dans leurs appareils, elles se trouvent rangées à la suite de leurs principales variétés.

Presque toutes les sortes de greffes n'ont point de noms propres et particuliers à chacune d'elles, des périphrases descriptives en ont tenu lieu jusqu'à présent ; ce qui nuit à la rapidité de l'élocution, met de la diffusion dans les idées et fatigue la mémoire. Pour remédier à ces inconvénients, nous avons cru devoir donner des noms à chacune de ces sortes, et voici la théorie d'après laquelle nous les avons établis.

Autant que nous l'avons pu, nous avons donné aux différentes sortes de greffes les noms de leurs inventeurs ; mais comme la plupart sont inconnus, à leur défaut nous avons pris ceux des auteurs contemporains qui en ont parlé les premiers dans leurs ouvrages, et de ceux qui en ont donné les meilleures figures. Le nombre de ces noms étant encore insuffisant pour nommer la quantité de sortes existantes dans ce moment, nous avons été obligés d'employer ceux des cultivateurs de tous les temps et de toutes les nations qui ont bien mérité de l'agriculture, soit par des découvertes ou par des ouvrages utiles aux progrès de l'art de cultiver, soit parce qu'ils se sont trouvés à la tête de grandes cultures qu'ils ont dirigées avec distinction.

Si les noms que nous avons choisis n'indiquent aucune des propriétés de la chose à laquelle ils sont affectés, ils ne donnent pas au moins d'idées fausses et en rappellent d'autres qui, suivant nous, sont beaucoup plus propres à les faire retenir, celles des inventeurs des greffes, du pays ou du temps où elles ont été imaginées, de cultivateurs célèbres ou distingués, d'amis ou de bienfaiteurs de l'agriculture et des cultivateurs.

Ces idées nous semblent beaucoup plus propres à fixer ces noms dans la mémoire que des mots qui n'expriment que de faibles caractères. S'ils vieillissent, ils s'identifieront avec l'objet qu'ils sont chargés de représenter, comme les noms de pain, de vin, etc., qui, dans l'origine de leur adoption, ne signifiaient aucune des propriétés des choses qu'ils représentent si sûrement à présent.

SECTION I.

GREFFE PAR APPROCHE.

Le caractère essentiel des greffes de cette section consiste en ce que *les parties dont on les forme tiennent à leurs pieds enracinés et vivent de leurs propres moyens, jusqu'à ce qu'elles soient soudées ensemble ; alors la communauté de sève est établie entre les individus.*

Cette section des greffes peut être comparée aux marcottes, qui vivent aux dépens des racines de leur mère, jusqu'à ce qu'en ayant poussé de particulières elles puissent vivre de leurs propres organes. De même les greffes en approche ne sont séparées de leurs pieds que lorsque, identifiées avec les sujets, elles vivent de la sève fournie par leurs racines. Toute la différence entre les marcottes et les greffes de cette division, est que les premières sont mises en terre, et que les secondes sont placées sur un sujet qui leur est analogue.

La nature opère souvent sous nos yeux des greffes par approche sur la plupart des différentes parties des végétaux, et l'art est parvenu à l'imiter : il s'en sert pour transformer des espèces sauvages, inutiles et quelquefois nuisibles, en arbres à bons fruits, en espèces rares, agréables ou utiles.

Cette section des greffes est propre à la multiplication de jeunes arbres, à celle d'individus plus âgés qui sont parvenus au quart, au tiers, à la moitié de leur croissance, et même à une époque plus avancée, lorsque les circonstances locales le permettent.

On peut s'en servir pour donner de la solidité aux clôtures ou haies de défense des biens territoriaux, pour procurer aux arts et à la marine [des bois courbes et anguleux, pour prolonger l'existence des vieux arbres dont les troncs menacent d'une ruine prochaine, et enfin pour produire des effets pittoresques dans les jardins paysagistes ; mais on n'en tire pas tout l'avantage qu'on peut en espérer, parce que ces résultats se font attendre souvent pendant longtemps.

Les greffes par approche peuvent s'effectuer dans toutes les saisons de l'année, excepté pendant les temps de gelées et de chaleurs extrêmes, et sous toutes les zônes de la terre ; mais les époques du mouvement de la sève, soit dans sa descente, soit dans son plein, et surtout lors de son ascension, sont les moments les plus favorables à leur prompte réussite.

Leur théorie consiste, 1° à faire aux parties, qu'on veut greffer les unes sur les autres, des plaies bien nettes et proportionnées à leur grosseur, depuis l'épiderme jusqu'à l'aubier, souvent dans l'épaisseur du bois, et quelquefois jusque dans l'étui médullaire, suivant l'exigence des cas ; 2° à réunir ces plaies de manière qu'elles ne laissent entre elles que le moins de vide possible, et que surtout les feuillets du liber soient joints ensemble exactement dans un très-grand nombre de points ; 3° à fixer ces parties au moyen de ligatures et de tuteurs solides, pour empêcher tout dérangement ; 4° à défendre ces plaies de la lumière, de l'eau et de l'air, au moyen d'emplâtres durables (1) ; 5° à surveiller le grossissement des parties pour prévenir toutes nodosités difformes nuisibles à la circulation de la sève, et surtout empêcher que les branches ne soient coupées par les ligatures ; 6° et enfin à ne sevrer les greffes de leurs pieds naturels que lorsque la soudure ou l'union des parties est complètement effectuée (2).

(1) Je dois faire remarquer ici que les ligatures, indispensables pour toutes les greffes, et les emplâtres nécessaires pour beaucoup d'entre elles, ne sont pas toujours les mêmes. Dans certains cas, on se borne à ligaturer avec du fil de laine ou des écorces flexibles taillées en lanières (*Voyez* 3e section, pl. 8, fig. 108 *a*); dans d'autres, on recouvre cette ligature d'un mélange de bouse de vache et de terre argileuse (fig. *b*), quelquefois, pour des arbres précieux, on ajoute encore un linge (fig. *d*) ou de la mousse ; enfin il est des circonstances où, après avoir ligaturé avec un simple fil de laine, on recouvre les parties incisées d'un mélange de brai, de cire et de poix, que l'on fait fondre toutes les fois qu'on veut l'employer. Ce moyen (fig. *c*) est préféré pour la plupart des greffes qui s'effectuent au Jardin des Plantes, parce qu'il est plus prompt et tout aussi certain que les autres.

Voici la composition de ce dernier amalgame :

    500 grammes de brai.
    250 grammes de poix de Bourgogne.
    125 grammes de cire jaune commune.

(2) Les ustensiles nécessaires pour l'exécution de toutes les greffes de cette section, sont : un greffoir et une serpette.

J'ai donné à la planche 8 de la 3e section, fig. 109, un dessin (tiers de grandeur naturelle) d'un greffoir très-commode dont on se sert au

Les greffes par approche étant nombreuses en sortes et en variétés différentes, nous les diviserons en cinq séries, en raison de ce qu'elles s'effectuent par les tiges, par les branches, par les racines, par les fruits et par les feuilles ou les fleurs d'un ou de plusieurs individus. Elles sont au nombre de trente-sept, dont voici le tableau, qui sera suivi de notes sur chacune de ces sortes de greffes en particulier.

Jardin des Plantes : ses deux lames sont d'acier; son manche, strié pour mieux tenir dans la main, est de corne de cerf, et la spatule est d'ivoire.

Il est très-important que la serpette, le greffoir et tous les ustensiles que l'on emploie pour couper ou inciser les branches, soient bien tranchants, et surtout qu'ils n'aient point de marques de rouille; car la rouille, en corrodant les parties incisées, pourrait occasioner des plaies fort nuisibles au succès de l'opération. Un greffoir de platine serait préférable à tous les autres, parce que ce métal est le moins susceptible de s'oxyder.

Tableau des Greffes qui composent la section première, ou celle des Greffes par Approche.

CARACTÈRE ESSENTIEL. Union de parties tenant à des individus munis de leurs racines.

Ire SÉRIE.

GREFFE PAR APPROCHE SUR TIGE.

Cette série de greffes s'effectue sur des tiges de différents âges, et même sur des troncs d'arbres de diverses grosseurs. Elle a pour but de placer des branches où elles sont nécessaires, de changer des sauvageons en arbres à bons fruits, de remplacer des troncs viciés, et de donner une vigueur surnaturelle à certains individus.

SORTES.

I. Greffe (MALESHERBES) *par approche sur tiges de gourmands, sur l'arbre qui les a produits.*

Opération. Unir au moyen de deux incisions, l'une concave *a* l'autre convexe *a'*, les branches gourmandes 1 et 2 qui s'emparaient d'une trop grande partie de la sève de l'individu *a*. (1re sect. pl. 1, fig. 3 et 3 bis.)

Usages. Pour rétablir l'équilibre de vigueur entre les parties d'un même arbre, en faisant en sorte que celles qui ont la sève par excès la répartissent sur celles qui en sont peu pourvues.

Dénomination. A la mémoire vénérable de GUILLAUME LAMOIGNON-DE-MALESHERBES ; dans les jardins duquel cette greffe, dont il est présumé l'inventeur, a été observée en 1786.

II. Greffe (FORSYTH) *par approche, sur tiges de rameaux sur l'arbre qui les a produits.*

Synonymie. G. *par approche.* FORSYTH, Traité de la Culture des arbres fruitiers, Pl. 11, fig. 6, pag. 382.

Opération. Faire deux entailles correspondantes, l'une sur le sujet *b*, l'autre sur le rameau *b'*, et réunir les parties plaie contre plaie. (1re sect., pl. 1, fig. 2 et 2 bis.)

Usages. Pour remplacer des rameaux et des branches qui manquent à des arbres fruitiers conduits en espalier, en vase, et surtout en quenouille. Exemples 1 et 2, fig. 2, pl. 1.

Dénomination. En l'honneur de M. FORSYTH, cultivateur estimable de Kinsington, près Londres. C'est lui qui a décrit cette greffe et en a donné une bonne figure.

III. Greffe (MICHAUX) *par approche, sur tige de branches sur l'arbre qui les a produites.*

Opération. Tailler en bec de plume allongé l'extrémité de longues branches (Voyez *c'*), les courber en portion de cercle, et les introduire dans une double incision en forme de T renversé (⊥), sur la tige de l'arbre *c*. (1re sect., Pl. 1, fig. 1 et 1 bis.)

Usages. Pour produire des effets pittoresques dans les jardins et fournir des courbes aux arts et à la marine. Exemples 1, 2, 3, fig. 1.

Dénomination. A la mémoire estimable d'André Michaux, cultivateur, naturaliste voyageur, qui a pratiqué cette greffe dans les bois de Satory, vers l'année 1780, et qui est mort à Madagascar en frimaire an 12, victime de son zèle pour les découvertes agricoles.

IV. Greffe (Cauchoise) *par approche, sur tige d'une tête d'arbre sur un sujet auquel elle manque.*

Synonymie. G. *par approche,* 3e *sorte.* Duham, Phys. des Arb., t. 2., p. 78, Pl. 12, fig. 110, 111 et 112.

Opération. Faire une entaille triangulaire à partir de l'aire de la coupe de la tige *d;* faire entrer de la moitié de son épaisseur, dans cette entaille, la tige du sujet *d',* au moyen d'une autre entaille en forme de coin. (*Voyez* 1re sect., pl. 2, fig. 5 bis.)

Usages. Pour utiliser, dans une avenue, un quinconce ou un verger, des arbres dont la tige a été rompue, en leur procurant une nouvelle tête, qui remplace pour le produit, celle qu'ils ont perdue. Exemple 1, fig. *d,* 1re sect., Pl. 1re, fig. 5.

Dénomination. En l'honneur des habiles cultivateurs du bon pays de Caux, dont plusieurs emploient cette greffe pour réparer les dommages que leur font éprouver les vents dans leurs plantations d'arbres à fruits à cidre.

V. Greffe (Bradeley) *d'un rameau terminal sur une tige à laquelle on a coupé la tête.*

Synonymie. G. *par approche en langue.* Forsyth.,

Traité des arbres fruitiers, pag. 244 et 382, pl. 11, fig. 5, lettre *q*.

Opération. Couper la tête d'un jeune sujet *e* (1re sect., pl. 2, fig. 5 ter); former sur l'aire de la coupe une première incision verticale propre à recevoir l'esquille pratiquée sur le rameau *e'*; faire ensuite sur le même sujet *e* une seconde plaie, qui forme avec la première un angle très-aigu, et qui puisse s'appliquer exactement sur la plaie pratiquée au-dessous de l'esquille du rameau *e'*.

Usages. Pour obtenir de la sommité d'une branche ou d'un rameau un arbre plus précieux que celui sur lequel on greffe.

Dénomination. A la mémoire honorable de RICHARD BRADELEY, cultivateur anglais, auteur de plusieurs ouvrages utiles sur l'agriculture et le jardinage.

VI. Greffe (VARRON) *par approche, sur tige d'un rameau latéral qui remplace la cime du sujet au moyen d'une fente.*

Synonymie. G. suçoir. AGRICOLA, Agriculture parfaite, 1re partie, p. 175 et 192, pl. 7, fig. E.

Opération. Couper la tête à de jeunes sujets, 1, 2, 3 (*Voyez* 1re sect., pl. 1re, fig. 4 et 4 bis), élevés en pots; former une incision triangulaire sur l'aire de leur coupe *f*, fig. 4 bis; entailler le rameau à greffer *f'* en forme de coin, de manière qu'il puisse entrer de la moitié de son épaisseur dans la coupe du sujet.

Usages. Pour multiplier les arbres toujours verts, tels que les houx, phyllirea, cassinés et les autres arbres à bois dur, comme les chênes, les hêtres, les charmes, etc.

Dénomination. A la mémoire respectable de Lucius Varron, l'agronome le plus distingué de son siècle par ses vastes connaissances en économie rurale, et par sa philanthropie. C'est à lui que Columelle attribue l'invention de cette greffe.

VII. Greffe (Sylvain) *par approche, sur tige, avec deux têtes croisées.*

Synonymie. G. par approche sur tronc, 1re sorte. Dict. d'Hist. nat., t. 2, p. 135, pl. A, 11, fig. A.

Opération. Courber deux jeunes arbres l'un sur l'autre, faire aux points où il se croisent deux entailles correspondantes, jusqu'à la profondeur de l'étui médullaire (*Voyez g*, 1re section, pl. 2, fig. 6), et unir les parties opérées.

Usages. Propre à fournir aux arts des bois anguleux, à remplacer les pilastres des portes des biens ruraux, et à produire des effets pittoresques dans les jardins.

Dénomination. Elle porte le nom du dieu des forêts, parce que, dans ses domaines, elle se pratique souvent naturellement.

VIII. Greffe (Hymen) *par approche, sur tige, avec accolement de deux troncs et de leurs têtes.*

Synonymie. G. par approche, 1re sorte. Duham., Phys. des Arb., t. 2, p. 78, pl. 12, fig. 108.

Opération. Rapprocher deux tiges d'arbres *h h'*

(1re sect., pl. 2, fig. 7 bis), les entailler longitudinalement aux points où elles se touchent; couvrir les plaies l'une par l'autre, et ligaturer solidement les parties.

Usages. Pour réunir des sexes séparés, fournir des bois courbes aux arts, produire des effets pittoresques dans les jardins, ou rappeler des souvenirs agréables. (Voyez *h*, fig. 7, pl. 2.)

Dénomination. On a donné à cette greffe le nom du dieu du mariage, parce qu'elle peut produire des unions entre des arbres de sexes différents.

IX. Greffe (DUMOUTIER) *par approche, sur tige, au moyen de quatre esquilles de bois fixées les unes entre les autres.*

Opération. Rapprocher les tiges de deux jeunes arbres *i i'* (1re sect., pl. 2, fig. 7 ter), leur enlever une pièce d'écorce à hauteur correspondante; former sur l'un et l'autre deux esquilles de bois en sens inverse, faire pénétrer ces esquilles, par le côté, les unes entre les autres, et ligaturer.

Usages. Cette greffe a les mêmes usages que la précédente; elle est plus difficile à effectuer, mais plus solide.

Dénomination. Ainsi nommée, parce qu'elle a été inventée en 1809 par M. Dumoutier, jardinier attaché à la culture du jardin du Muséum, dans les Écoles d'agriculture de cet établissement.

X. Greffe (MONCEAU) *par approche, sur tige, au moyen de l'amputation de la tête du sujet, de sa*

*taille en coin, et de son introduction dans une entaille
faite à la tige de l'arbre portant la greffe.*

Synonymie. G. par approche en forme de coin.
Duham., Phys. des Arbres, t. 2, p. 79, pl. 12, fig. 113.

Opération. Couper la tête du sujet *j'* (1re sect., pl. 2,
fig. 8 bis) en coin très-prolongé; pratiquer une incision oblique sur l'arbre porte-greffe *j*; y insérer le coin
de la tige *j'*, et unir les parties opérées. (*Voyez j*, pl.
2, fig. 8.)

Usages. Pour donner une vigueur extraordinaire à
un arbre, qui se trouve muni, par cette greffe, de deux
systèmes de racines, et qui n'a qu'une seule tige à
nourrir.

Dénomination. A la mémoire de l'illustre DUHAMEL-
DUMONCEAU, dans le domaine duquel cette greffe, dont
il est présumé l'inventeur, a été exécutée vers l'année
1754.

XI. Greffe (NOEL) *par approche, sur tige, au moyen
de l'amputation de la tête de plusieurs sujets, de
leur taille en coin, et de leur introduction dans les
entailles faites aux arbres placés au-dessus les uns
des autres.*

Opération. Planter, une année d'avance, trois ou un
plus grand nombre de variétés d'arbres de même espèce et de hauteurs différentes; les greffer au-dessus
les uns des autres par le procédé de la greffe Monceau,
dont celle-ci n'est qu'une variété qui peut devenir utile.
Voyez 1 et 2, *k.* (1re sect., pl. 2, fig. 10.)

Usages. Pour donner une vigueur extraordinaire aux arbres, modifier la saveur et la grosseur de leurs fruits; fournir (peut-être) de nouvelles races.

Dénomination. Imaginée en 1807, par M. Noël, jardinier, attaché alors à la culture de la pépinière d'arbres étrangers du Muséum d'Histoire naturelle.

XII. Greffe (Vrigny) *par approche, sur tige, au moyen de l'amputation de la tête du sujet, de sa taille en bec de plume, et de son application sur l'aubier de l'arbre portant la greffe.*

Synonymie. G. *par approche en bec de plume, à une seule tête.* Duham., Phys. des Arbres, t. 2, p. 78, pl. 12, fig. 109.

Opération. Couper la tête d'un sujet *l'* (1re sect., pl. 3, fig. 9 bis) planté l'année précédente au pied d'un arbre, *l*, fig. 9, pl. 2; former une incision en biseau très-prolongé, à la partie supérieure de laquelle il ne se trouve que de l'écorce. Cette incision devra correspondre à celle que l'on voit pratiquée sur la tige *l*.

Usages. Pour donner une vigueur extraordinaire à un arbre, et fournir par la suite des bois anguleux propres à la marine.

Dénomination. Du nom du domaine dans lequel le respectable Duhamel exécuta cette greffe vers l'année 1756.

XIII. Greffe (Duhamel) *par approche, sur tige, au moyen de l'amputation de la tête des sujets, de leur taille en tenons, et de leur application dans des mortaises pratiquées sur l'arbre à greffer.*

Synonymie. G. en étaie. Séances des écoles normales, t. 9, p. 269, éd. 1801.

Opération. Tailler en forme de tenon *m'* (1re sect., pl. 3, fig. 12 bis) la tête de sujets plantés au pied d'un arbre depuis l'année précédente, et les courber à l'angle de 35 à 40 degrés. Voyez *m*, pl. 3, fig. 12.

Faire des entailles en forme de mortaises dans l'arbre du milieu, y introduire la tête des sujets, et les y fixer solidement.

Usages. Pour reprendre en sous-œuvre la tige d'un arbre vicié, faire vivre plus longtemps un individu auquel sont attachés de grands souvenirs, établir des limites de territoire et procurer une croissance extraordinaire.

Dénomination. A la mémoire vénérable de DUHAMEL DU MONCEAU, auteur d'un grand nombre d'ouvrages utiles aux progrès des sciences, et surtout à l'économie rurale.

XIV. Greffe (DENAINVILLIERS) *par approche, sur tige, au moyen de l'amputation de la tête des sujets, de leur taille en biseau long, et de leur introduction entre l'aubier et l'écorce de l'arbre à greffer.* (1).

Opération. Elle est la même que pour la greffe Michaux. (*Voy.* 1re sect., pl. 1, fig. 1 et 1 bis.)

____

(1) Toutes ces greffes peuvent puissamment servir à accélérer la croissance des arbres qu'on aurait un intérêt puissant à voir promptement parvenir à toute leur hauteur, ou à une grosseur supérieure à

Usages. Elle a le même usage que la précédente, comme on peut le voir, n. (1re sect., pl. 3, fig. 11). Le

celle qui leur est ordinaire. Le fait suivant, pris entre quatre ou cinq autres analogues, le prouve d'une manière incontestable.

Table de comparaison des dimensions de deux *frênes de Caroline* venus de graines envoyées d'Amérique en 1799 et semées en mars 1800, tous les deux replantés en 1806 dans à peu près le même terrain, à la même exposition : l'un abandonné à sa croissance naturelle, et l'autre greffé en mars 1807 avec quatre jeunes frênes de trois ans de semis, au moyen de la greffe de Denainvilliers, mesurés tous les deux le même jour en septembre 1807 et 1808.

	Frêne non greffé		Frêne greffé	
	en 1807.	en 1808.	en 1807.	en 1808.
	m. d. c.	m. d. c.	m. d. c.	m. d. c.
Hauteur des 2 individus	1 6 5	2 6 3	3 9 4	5 7 6
Grosseur de la tige au-dessous de la greffe ou de sa place.	0 0 5 5	0 2	0 0 8 2	0 1 0 1
Grosseur de la tige au-dessus de la greffe, ou à 1 m. 1 d. au-dessus du niveau de la terre.	0 0 5 2	0 0 6 6	0 0 9 5	0 1 4 5
Nombre des rameaux des 2 individus	10.	12.	14.	31.
Longueur de ces mêmes branches.	1 à 2 d.	2 à 7 d.	2 à 15 d.	6 à 12 d.

Le nombre et la forme des folioles n'ont point varié dans les deux individus, mais ces mêmes folioles étaient d'une ampleur d'un tiers plus considérable dans celui greffé que dans l'autre.

Il résulte de cette comparaison, que l'individu greffé a crû de plus du double et plus rapidement que celui qui n'a pas été greffé.

On pourrait employer principalement cette sorte de greffe sur des arbres fruitiers, dont il est très-probable qu'elle augmenterait le volume des fruits et les rendrait plus savoureux.

n° 1 indique le lieu où l'on avait greffé deux sujets sur la tige, que l'on a coupée depuis, et qui avait procuré les deux branches 2 2, regreffées une seconde fois, N° 3. Celles-ci ne tirent maintenant leur nourriture que des racines de l'arbre *n*.

Dénomination. A la mémoire respectable de DUHA-MEL-DENAINVILLIERS, coopérateur de son illustre frère Duhamel du Monceau dans ses nombreuses et utiles expériences agricoles.

XV. Greffe (FOUGEROUX) *par approche, sur tige, au moyen de la réunion de plusieurs sujets qu'on accole, en leur conservant la tête, à un arbre placé au milieu d'eux.*

Synonymie. G. *en étaie,* 3e *var. vulgair. au Muséum d'Histoire naturelle.*

Opération. Courber de jeunes sujets, bien repris, sur un arbre placé au milieu d'eux, entailler leurs tiges depuis l'épiderme jusqu'à l'aubier, dans la longueur de 3 à 6 centim. (1 à 2 pouces).

-Faire à l'arbre du milieu des entailles correspondantes à celles des sujets, et les couvrir les unes par les autres. (*Voyez* o, 1re sect., pl. 3, fig. 15.)

Couper la tête des sujets lorsque la soudure des tiges est effectuée.

Usages. Cette greffe est moins bonne que les trois précédentes. Elle est employée aux mêmes usages.

Dénomination. A la mémoire estimable de FOUGE-

ROUX DE BONDAROY, digne neveu des Duhamel, dont il suivait les traces dans ses travaux relatifs à l'économie rurale.

XVI. Greffe (Muséum) *par approche, sur tige, en coupant en deux parties égales les gemma terminaux, avec une portion de leur bourgeon, et les réunissant pour n'en former qu'un seul appartenant à deux arbres.*

Synonymie. G. du Muséum. Annales du Mus., t. 12, p. 430, pl. 36.

Opération. Couper les gemma terminaux de deux jeunes arbres *p p'*, pl. 3, fig. 14 bis, en deux parties égales ; rapprocher exactement les plaies, de manière que les deux demi-gemma n'en forment qu'un.

Usages. En faisant cette greffe, on voulait savoir si les deux demi-gemma se réuniraient et ne donneraient naissance qu'à un seul bourgeon : ils se sont très-bien soudés ; mais toujours chacun d'eux a produit une tige. (*Voyez p*, 1re sect., pl. 3, fig. 14.)

La greffe du Muséum est une des plus solides, et peut servir à fournir des arbres d'un effet pittoresque dans les jardins, et du bois anguleux de différentes formes très-propre aux arts.

Quoique nos connaissances actuelles ne permettent pas de croire aux prodiges qu'on on a débités au sujet de la greffe par compression, il est possible d'en tirer un parti utile ou agréable dans certains cas.

Dénomination. Du nom du lieu dans lequel cette greffe a été exécutée pour la première fois, en juin 1805.

XVII. Greffe (en losanges sur tiges) *par approche, de tiges disposées en losanges, et unies à leurs points de section.*

Opération. Planter à des distances égales les uns des autres de jeunes individus, les incliner en sens contraire, et les unir à tous les points de contact par le procédé de la greffe Forsyth.

Usages. Propres à former des claires-voies, des haies solides, des berceaux, etc. (*Voyez* r, 1re sect., pl. 3, fig. 13.)

Dénomination. Nom donné à cette greffe en raison de la disposition des tiges greffées.

Il est très-facile et très-avantageux de pratiquer la greffe en berceau dans la construction des BERCEAUX et des TONNELLES (*voyez* ces mots) (1) composés d'arbres de mêmes espèces et d'espèces très-voisines.

XVIII. Greffe (en arc) *par approche, sur tige, en faisant décrire une portion de cercle aux individus, et les unissant ensemble.*

Synonymie. G. par approche en arc. Ann. du Mus., t. 13, p. 123, pl. 11.

Fig. A, *G. en arc simple.* Ibidem.

B, *G. en arc, avec agrafe.* Ibid.

C, *G. en arc, avec fentes.* Ibid.

Opération. 1re *Manière.* Courber en demi-cercle

______

(1) Nouveau Cours d'Agriculture du 19e siècle, 16 vol. in-8°, prix 56 fr., qui se trouve à la *Librairie Encyclopédique de Roret*, rue Hautefeuille, 12.

deux jeunes sujets l'un sur l'autre, et les unir au moyen d'entailles. (*Voyez s b*, fig. 17, pl. 3, et *s b'*, fig. 17 bis, pl. 4.)

2ᵉ Manière. La première année, tailler l'une des tiges *sa'* en coin prolongé, et faire à l'autre tige *sa* une entaille triangulaire qui reçoive le coin *sa'*, fig. 17 bis, pl. 4. La seconde année, lorsque les bourgeons *i i* auront poussé, les unir comme on le voit en *sa''*. Fig. 17 bis, pl. 4, et *s a*, fig. 17, pl. 3.

La figure *s* (fig. 17, pl. 3) représente une troisième manière d'opérer la greffe en arc.

Usages. Propre à fournir des bois courbes aux arts et à la marine, et à produire des effets pittoresques dans les jardins.

Dénomination. Ce nom lui a été donné au Muséum d'Histoire naturelle, où l'on a pratiqué cette greffe pour la première fois en 1805.

XIX. Greffe (en berceau) *par approche, sur tiges et sur branches, en faisant décrire une portion de cercle aux premières, et disposant les secondes en losanges.*

Opération. Planter, sur deux lignes parallèles, de jeunes sujets de même espèce, ou d'espèces du même genre, et les maintenir par un berceau.

Greffer les sommets des tiges à mesure qu'elles se croisent, par le procédé de la greffe en arc.

Les branches latérales, disposées à l'angle de 45 degrés environ, se greffent à tous les points de section par le procédé de la greffe Sylvain. (*Voyez* fig. *t*, 1re sect., pl. 4, fig. 18.)

Usages. Pour mettre en communauté de sève tous les arbres qui composent une tonnelle, de manière que les individus vivants nourrissent ceux dont les racines viennent à mourir, et pour avoir toujours, par ce moyen, des berceaux bien garnis de verdure, et par la suite des bois courbes d'une grande valeur.

Dénomination. Ainsi nommée dans les jardins du Muséum, où elle a été effectuée pour la première fois, en 1807.

XX. Greffe (par compression) *par approche, sur tiges, au moyen de leur simple compression.*

Synonymie. G. pour avoir fruits meslingers. OLIVIER DE SERRES, Théât. d'Agr., tome 2, page 370, col. 2, alinéa premier.

Opération. Planter dans la même fosse, et à quelques centimètres les uns des autres, des sujets d'espèces différentes et de même hauteur.

Lorsqu'ils sont bien repris, les réunir ensemble au moyen de ligatures d'écorce fraîche de tilleul, et déterminer, par ce moyen, la soudure de leurs tiges. (*Voyez u*, 1re sect. pl. 3, fig. 16.)

Usages. Ces tiges, conservant leurs racines et leurs têtes particulières, donneront chacune leurs fruits ; ce qui ne peut manquer de produire des effets très-agréables dans les jardins.

Mais on ne peut croire que de cet aggrégat il sorte des fruits qui participent des qualités de tous les arbres qui le composent, comme le pensaient les anciens cultivateurs ; jusqu'à présent l'expérience a démontré le contraire.

Dénomination. Nom adopté au Muséum d'Histoire naturelle.

XXI. Greffe (DIANE) *par approche, sur tiges contournées les unes autour ou à côté des autres, en spirale, dans la hauteur du tronc.*

Synonymie. G. en spirale. Muséum d'Histoire naturelle.

Opération. Réunir dans la même fosse de jeunes sujets d'espèces différentes, de même âge, de même hauteur et de même croissance.

Lorsqu'ils sont bien repris, contourner leurs tiges à côté les unes des autres, suivant la marche du soleil et dans la hauteur de 2 mètres 60 centim. (8 pieds).

Usages. Pour obtenir des tiges imitant des colonnes torses, des cimes de feuillages variés, des fleurs de couleurs différentes, et des fruits de formes et de qualités diverses, et enfin pour fournir par la suite des bois tortillards d'une grande résistance. (*Voyez v*, 1re sect., pl. 4, fig. 21.)

Dénomination. Du nom de la déesse des forêts, dans les domaines de laquelle cette greffe se rencontre quelquefois.

XXII. Greffe (MAGON) *par approche de tiges composant un seul tronc, au moyen d'écorcements latéraux et correspondants sur les individus.*

Opération. Planter dans la même fosse plusieurs

jeunes arbres de même force, de même genre et de même croissance.

Les écorcer en regard les uns des autres, dans toute la longueur de leurs tiges ; les rapprocher ensuite, de manière que leurs plaies se recouvrent les unes les autres, et enfin les ligaturer avec de larges lanières d'écorce fraîche. (*Voyez x*, 1re sect., pl. 4, fig. 20.)

Usages. Pour faire produire un plus grand nombre de fruits, donner aux arbres une plus grande dimension, et les faire vivre plus longtemps. Les fameux châtaigniers du mont Etna, les gros et antiques oliviers d'Espagne sont ainsi greffés.

Dénomination. A la mémoire de MAGON, l'un des plus savants agronomes des Carthaginois, peuple qui pratiquait cette greffe, et dont les descendants l'ont introduite en Espagne.

On pratique la greffe Magon en Espagne, et on obtient des arbres bien plus gros et bien plus productifs que ceux greffés d'une autre manière : un immense pommier qui existait jadis dans le potager de Versailles, avait été greffé de cette manière. Elle offre les principaux avantages des greffes Noël, Vrigny, Duhamel, Denainvilliers et Fougeroux, c'est-à-dire qu'elle procure un plus grand nombre de racines.

XXIII. Greffe (Chinoise) *par approche de tiges fendues longitudinalement en plusieurs parties, et réunies à des parties semblables d'autres sujets pour ne composer qu'un seul tronc.*

Synonymie. G. pour obtenir des ceps qui portent

des grappes de raisin, les unes noires, les autres blanches. Palladius.

G. pour diversifier les raisins en couleur. Oliv. de Serres, Théâtre d'Agr., tome 1, page 258, col. 2, alinéa premier.

Var. A. *G. par approche sur branches, 5ᵉ sorte, ou par réunion de parties de tiges.* Dict. d'Hist. nat., tome 2, page 189. — Vulgairement, *G. chinoise, au Muséum.*

Opération. Fendre dans leur longueur, et au tiers de leur diamètre, deux ceps de vignes à fruits de couleurs différentes, et les unir plaie contre plaie.

Fendre par quartiers égaux de jeunes individus d'espèces différentes, et unir les quartiers des diverses espèces pour en composer des individus parfaits. (*Voyez y*, 1ʳᵉ section, pl. 4, fig. 23 et 23 bis.)

Usages. Par la première opération on obtient des ceps de vigne qui produisent des raisins de différentes couleurs.

Par la seconde, on fait, dit-on, produire aux individus composés de quartiers de diverses espèces, des fruits de formes bizarres et de saveur particulière. Cette assertion n'est pas prouvée, et semble en opposition avec les lois de la nature,

Dénomination. Du nom du peuple chez lequel on assure que cette greffe est pratiquée de temps immémorial.

Ne fût-ce que comme greffe singulière, celle que nous appelons chinoise mériterait d'être exécutée ; mais plusieurs autres raisons militent aussi en sa faveur. Elle ne diffère, au reste, de la précédente que par une nuance.

XXIV. Greffe (BANK's) *par approche, sur tiges, d'individus conservant leurs têtes, réunis par les côtés sur une ligne droite.*

Opération. Première année. Planter dans la même fosse quatre, cinq, ou un plus grand nombre de jeunes arbres, les écorcer en regard les uns des autres, et les unir solidement au moyen de traverses ; couvrir les parties opérées d'un mélange de terre forte et de bouse de vache délayées en consistance de bouillie claire.

Deuxième année. Répéter, pour les tiges qui se sont prolongées, la même opération que l'année précédente. (*Voyez* fig. *z*, 1re sect., pl. 4, fig. 19.)

Usages. Pour obtenir par la suite de très-larges planches et des madriers, qui seraient d'un fort grand prix.

Dénomination. A la mémoire de sir JOSEPH BANK'S, voyageur célèbre et naturaliste aussi distingué par ses connaissances, que par son amour pour les sciences.

XXV. Greffe (DAUBENTON) *par approche de plusieurs tiges unies latéralement sur une ligne droite.*

Opération. Première année. Planter dans la même fosse trois jeunes individus, les écorcer en regard les uns des autres, et les unir à diverses hauteurs par le moyen de la greffe Monceau. (*Voyez i*, fig. 22, 1re sect., pl. 4.)

Deuxième année. Planter près des trois individus de

l'année précédente deux autres jeunes arbres, et les joindre aux sujets déjà greffés par la même opération.

Usages. Les mêmes que ceux de la greffe Bank's.

Dénomination. A la mémoire de M. DAUBENTON, l'un des professeurs du Muséum à la fin du siècle dernier.

XXVI. Greffe (VIRGILE) *par approche d'une tige passée à travers un tronc perforé dans le milieu de son diamètre.*

Synonymie. G. de la vigne en perforant la tige d'un sujet. COL., des choses rustiques, liv. 4, p. 221, ligne 24.

G. de la vigne sur le noyer. ET. CHEVALIER, Bibl. des Propriétaires ruraux, tome 9, page 111.

Opération. Perforer un tronc de vigne ou d'un arbre disgénère, le faire traverser par un jeune sarment ou une branche, rogner le rameau à deux yeux au-dessus du point où il sort du sujet, et luter les deux orifices du trou.

Usages. La plupart des auteurs de l'antiquité prétendaient qu'une vigne ainsi greffée sur noyer (3', 1re sect., pl. 4, fig. 24) donnait des raisins de la grosseur d'une prune, mais dont le goût était celui du brou de noix : les expériences répétées jusqu'à ce jour au Muséum ne nous ont donné aucun de ces résultats. Le sarment ne s'unit point au noyer : il végète au moyen de ses propres racines ; les raisins qu'il donne conservent leur saveur, et lorsqu'il devient trop gros, il est pour ainsi dire étranglé dans le trou qu'il traverse.

Le n° 3' (fig. 24, pl. 4) représente une manière plus compliquée d'opérer la même greffe. On voit que le sarment, à l'endroit où il s'unit au noyer, est partagé en deux parties, dont l'une traverse le tronc, et dont l'autre se relève pour être greffée sous l'écorce de l'arbre. Ce moyen avait paru propre à augmenter les chances de la réussite ; mais il n'a pas donné de résultats plus satisfaisants que le premier.

Dénomination. Du nom du poète latin auquel on doit la description pratique de cette greffe singulière et antique.

IIᵉ SÉRIE.

GREFFES PAR APPROCHE SUR BRANCHES.

Les greffes de cette série se distinguent de celles de la précédente en ce que les individus soumis à cette voie de multiplication, au lieu d'être greffés par leurs tiges ou par leurs troncs, le sont par leurs branches latérales ou leurs rameaux, au moins dans l'un des deux individus, si ce n'est dans les deux à la fois. Elles s'exécutent pour la plupart de la même manière et exigent les mêmes soins et les mêmes appareils.

Ces greffes, plus particulièrement propres à transformer de jeunes sujets sauvageons en espèces plus recherchées, fournissent aussi des moyens de multiplication plus abondants que les précédentes.

Elles sont en usage dans les pépinières et dans plusieurs sortes de jardins de l'Europe.

SORTES.

I. Greffe (CABANIS) *par approche sur branches, au moyen d'entailles correspondantes, faites jusqu'à la moitié de l'épaisseur des parties.*

Synonymie. G. *par embrassement.* AGRICOLA ; Agric. parf., part. 1re, page 177, alinéa premier, pl. 7, fig. H.

G. *par approche sur branches, première manière.* CAB., Principe de la Greffe, édit. 1803, page 46. (*Exclure la figure qui représente la greffe hymen.*)

Opération. Rapprocher deux branches, l'une d'un sauvageon, et l'autre d'un arbre cultivé ;

Les inciser au point où elles se croisent, jusqu'à l'étui médullaire, et les unir ensemble. (*Voyez a*, 1re sect., pl. 5, fig. 27.)

Usages. Pour multiplier des arbres qui se propagent difficilement au moyen des greffes en fente et en écusson, principalement ceux qui n'ont point de gemma écailleux.

Dénomination. A la mémoire estimable de CABANIS, auteur de l'*Essai sur les principes de la greffe*, ouvrage intéressant par la bonne théorie et la saine pratique qui y sont enseignées.

II. Greffe (AGRICOLA) *par approche de branches accolées ensemble au moyen de plaies longitudinales.*

Synonymie. G. *ablactatio.* PLINE.

G. *caressante.* AGRICOLA, Agric. parf., partie 1re, page 176, alinéa premier, et page 198, pl. 7, fig. G.

Opération. Rapprocher deux branches d'arbres différents ;

Faire sur chacune d'elles une plaie longitudinale, jusqu'à l'étui médullaire, et couvrir ces plaies l'une par l'autre. (*Voyez b*, 1re sect., pl. 5, fig. 27.)

Usages. On ne distingue la greffe Agricola de la précédente que parce que les branches, au lieu d'être croisées, sont accolées l'une à l'autre. Elle n'est qu'une légère modification de la greffe Hymen et se pratique encore plus fréquemment que la précédente dans les pépinières pour multiplier les arbres et arbustes précieux qui se prêtent difficilement aux autres sortes de greffes.

Dénomination. A la mémoire de Georges-André Agricola, médecin, cultivateur à Ratisbonne, au commencement du siècle dernier. Il est l'auteur de l'*Agriculture parfaite*, ouvrage dans lequel, parmi une grande quantité d'idées absurdes, on rencontre parfois des observations utiles.

III. Greffe (Aiton) *par approche, sur branches, pour les arbres résineux et ceux qui sont toujours verts.*

Synonymie. G. par approche en langue. Forsyth, Traité des Arbres fruitiers, p. 244, alinéa 3, pl. 11, fig. 5, lettre P.

Opération. Elever en pots de jeunes sujets d'arbres résineux ou toujours verts ; les rapprocher des branches d'arbres dont on veut former des pieds.

Faire aux sujets et aux branches des plaies longitudinales jusqu'à l'aubier ; former, si l'on veut, une agrafe (*Voyez c' c"*, 1re sect., pl. 5, fig. 26 bis) au milieu de chaque plaie, et ligaturer les parties. (*Voyez c*, fig. 26, pl. 5.)

Usages. Recommandable pour la multiplication des espèces rares d'arbres résineux et de ceux qui sont toujours verts, et pour propager, momentanément, des arbres à feuilles permanentes sur ceux qui les perdent chaque année.

Dénomination. Le nom de l'auteur de cette greffe, d'origine anglaise, n'étant pas connu ; on lui a donné celui de WILLIAMS AITON, son compatriote et son contemporain, directeur des beaux jardins de Kew à la fin du siècle dernier, et auteur de l'*Hortus Kewensis*.

IV. Greffe (ROZIER) *par approche sur deux branches mères dont les bourgeons sont disposés en losange, et greffés à tous les points de section.*

Synonymie. G. *par approche compliquée*, 3e méthode, ROZIER, Cours d'Agr., tome 5, p. 346, col. 1re, alinéa 3, pl. 15 *bis*, fig. 4, 5 et 6, et p. 405 du même vol.

Opération. Planter en ligne des sujets greffés sur franc ; établir deux mères branches opposées et horizontales ; laisser croître des bourgeons à leur partie supérieure, et les greffer en losange à mesure qu'ils grandissent, suivant le procédé de la G. Cabanis. (*Voyez d*, 1re sect., pl. 5, fig. 32.)

Usages. Très-utile pour établir des haies fruitières, dans le genre du pommier surtout, à la campagne et dans les jardins. Elles sont solides, défensives, et rapportent de beaux fruits en abondance.

Dénomination. A la mémoire honorable du savant et infortuné Rozier, auteur de la première édition du *Cours complet d'Agriculture*, ouvrage dans lequel on a cherché à soustraire l'agriculture au joug de la routine, sous lequel elle était asservie.

V. Greffe (en losanges) *par approche de branches disposées en losanges, et unies à leurs points de section.*

Synonymie. G. par approche sur branches, 2ᵉ sorte, ou G. en losange. Ecol. Norm. tom. 9, p. 272.

Opération. Planter de jeunes sujets à quelques centimètres les uns des autres ; les rabattre à 4 centim. (18 lignes) au-dessus de la terre ; ménager deux bourgeons opposés parmi ceux qui pousseront, et les greffer, à mesure qu'ils grandiront, à leurs points de section, par le procédé de la greffe Sylvain.

Usages. Propre à former d'excellentes haies de défense, à la campagne, des palissades dans les jardins, et des divisions dans les vergers.

Dénomination. Nom pris de la figure qu'on fait décrire aux branches de ces arbres et qu'elles conservent toute leur vie.

VI. Greffe (égyptienne) *par approche de branches de plusieurs arbres sur la tige d'un autre individu placé au milieu d'eux.*

Synonymie. G. par rapprochement. Caylus. Histoire du Rapprochement des Végétaux, p. 32 et suiv.

Opération. Planter à 1 mètre (3 pieds) de distance d'un arbre fruitier deux jeunes sujets du même genre; greffer par approche, sur la tige de l'arbre du milieu, plusieurs branches de chacun des sujets, et laisser croître les autres naturellement.

Usages. Pour opérer, disait-on, un changement dans la grosseur, la couleur et la saveur des fruits, en même temps que dans la densité des bois. L'expérience n'a démontré aucun de ces faits.

Dans l'exemple *e*, 1re sect., pl. 5, fig. 28, on a séparé du sol l'arbre du milieu, de manière qu'il n'existe plus maintenant qu'aux dépens de la sève qu'il reçoit de ses voisins; et cependant les fruits qu'il produit n'ont pas changé sensiblement de saveur depuis cette opération.

Dénomination. Cette greffe est, à ce qu'on dit, d'invention égyptienne : de là lui vient le nom qu'elle porte.

VII. Greffe (BUFFON) *par approche de branches arquées d'un arbre, incrustées sur des tiges de sujets disposés à sa circonférence.*

Synonymie. G. *Buffon.* Annales du Mus., t. 13, p. 138, pl. 13.

Opération. Placer aux quatre coins d'un gros arbre fruitier, dont plusieurs branches sont arquées, quatre sauvageons forts et vigoureux.

Greffer par incrustation, sur chacun d'eux et à différentes places, l'extrémité des branches arquées du gros arbre du milieu. (*Voyez* F , 1re sect., pl. 5, fig. 30.)

Les lignes ponctuées que l'on remarque dans la figure indiquent que l'on peut aussi greffer les branches de l'arbre du milieu entre elles.

Usages. Pour se procurer une plus grande abondance de plus beaux et de meilleurs fruits, et pour remplacer les étaies de bois mort dont on se sert dans les vergers agrestes pour soutenir les branches en danger de se rompre sous la charge des fruits.

Dénomination. A la mémoire de BUFFON, dont les travaux immortels ont inspiré l'amour de l'histoire naturelle en général, et celui de la culture des forêts en particulier.

VIII. Greffe (CATON) *par approche de bourgeons tordus et comprimés pendant leur croissance.*

Synonymie. G. pour diversifier les raisins en couleur, 3e *moyen.* OLIV. DE SERRES, Théâtre d'Agr., t. 1er, p. 259, col. 1re.

Opération. Planter dans une même fosse plusieurs et jusqu'à cinq crossettes enracinées de diverses variétés de vignes.

Laisser croître le plus fort bourgeon de chaque pied; tordre légèrement ces bourgeons et les ligaturer, pour qu'en se greffant ensemble ils ne forment qu'une seule tige. (Voyez *g*, 1re sect., pl. 5, fig. 29.)

Usages. Pour obtenir (disait-on) des grappes de raisin dont les grains soient panachés de diverses couleurs, et aient la saveur mélangée de toutes les variétés composant l'aggrégation.

Chacune de ces variétés a produit des raisins semblables à ceux qu'elles donnaient avant l'opération.

Dénomination. A défaut du nom de l'inventeur de cette greffe, qui est un ancien Romain, on lui a donné celui de son compatriote Marcus Porcius Caton, le censeur, auteur d'un livre très-estimable sur l'économie rurale et domestique. Pline fait de lui le plus bel éloge, en disant qu'il fut le meilleur citoyen de son siècle.

IIIᵉ SÉRIE.

GREFFES PAR APPROCHE AU MOYEN DE L'EAU.

Elles ne se distinguent des précédentes que parce que la greffe, au lieu de tenir à son pied, en est séparée et plonge dans l'eau. La manière d'opérer l'union des parties est en tout la même.

Enumérer les diverses sortes que comprend cette nouvelle série, ce serait rappeler presque toutes les greffes par approche que nous venons de faire connaître.

Greffe (Kew) *par approche, sur tiges ou sur branches, d'un rameau en sève, séparé de l'individu qui l'a produit.*

Opération. Unir par l'un des procédés indiqués dans les deux séries précédentes, le rameau au sujet, de manière que le premier conserve inférieurement une tige assez longue pour plonger dans un vase plein d'eau; placer le tout sous une cloche, à une exposition chaude et humide. (*Voyez* fig. 28 *bis*, pl. 1re.)

Usages. Propre à des arbres de la zône torride, en végétation, dont la pousse tendre ne pourrait se maintenir sans recevoir de l'eau du vase dans lequel elle plonge, une nourriture propre à remplacer momentanément celle qu'elle tirait précédemment de la branche qui la portait.

Dénomination. Pratiquée, dit-on, dans les jardins du roi d'Angleterre, à Kew, près Londres.

Cette greffe a été pratiquée de diverses manières au Jardin des Plantes. Elle réussit en plein air comme sous cloche, pour des bois durs comme pour des bois tendres, et pour des plantes herbacées comme pour des végétaux ligneux.

IVe SÉRIE.

GREFFES PAR APPROCHE SUR RACINES.

Ce qui distingue cette série des précédentes et de celles qui suivent, c'est qu'au lieu de greffer les individus par leurs tiges et par leurs branches, on les unit par leurs racines tenant à leurs souches.

Leur but d'utilité n'est pas de multiplier les individus, mais de rétablir en santé des arbres languissants ou de leur donner une végétation plus vigoureuse.

Ces greffes ne sont pas pratiquées dans la culture ordinaire, parce qu'elles ne sont pas connues des cultivateurs; mais beaucoup d'observations particulières font présumer qu'elles pourraient y être introduites avec succès.

Il n'est pas douteux qu'elles ne soient propres à éclairer plusieurs points de physique végétale encore obscurs.

SORTES.

I. Greffe (MALPIGHI) *par approche de racines tenant aux souches de deux arbres voisins.*

Synonymie. G. *de racines entre elles.* DUHAM., Phys. des Arb., t. 2, p. 85, lig. 4.

G. *de racines sur une autre.* CAB., Ess. sur la Greffe, p. 52, alinéa 3.

Opération. Découvrir des racines du second ordre d'arbres voisins ; les opérer suivant les procédés des greffes Hymen ou Sylvain ; les remettre à leur place, et les couvrir de terre. (*Voyez h*, 1re sect., pl. 5, fig. 33.)

Usages. Pour mettre en communauté de sève les racines de plusieurs arbres.

Dénomination. A la mémoire du savant MALPIGHI, physicien du xvie siècle, qui a posé les premières bases de l'anatomie végétale.

II. Greffe (LEMONNIER) *par approche de souches de racines entre elles, en ne réservant qu'une seule tige.*

Opération. Planter au pied d'un arbre malade *i*, deux souches de racines d'espèces congénères (*Voyez* 1 et 2, fig. 31, 1re sect., pl. 5) ; greffer, par incrustation sur l'aire de leur coupe, l'extrémité de deux racines de l'individu malade, qui conserve toutes ses parties ascendantes.

Usages. Pour rétablir un arbre languissant et augmenter sa fructification.

Dénomination. A la mémoire honorable de GUILLAUME LEMONNIER, médecin, cultivateur, et professeur de botanique au Muséum, à la fin du xviiie siècle. Il s'est occupé avec succès de la naturalisation de beaucoup de végétaux étrangers.

Ve SÉRIE.

GREFFES PAR APPROCHE SUR FRUITS.

Ce titre indique suffisamment la différence des greffes de cette série avec celles de toutes les autres, pour qu'il ne soit pas nécessaire d'en désigner autrement le caractère. Elles s'effectuent accidentellement dans la nature et se fixent quelquefois au moyen de la greffe. L'anatomie et la physiologie végétale peuvent en tirer un parti utile dans quelques cas. On ne les pratique pas dans la culture ordinaire.

La nature offre souvent des greffes Pomone, et on peut en faire toutes les fois que deux fruits sont très-rapprochés. Il en résulte des fruits plus gros et qui se font remarquer par leur forme singulière.

C'est pour prouver que les sujets ne changent pas les espèces qu'on place sur eux, que la greffe Leberriays a été imaginée.

SORTES.

I. **Greffe** (Pomone) *par approche de fruits s'unissant dès leur naissance dans les boutons qui les renferment.*

Synonymie. G. de fruits dans leurs boutons. Duham., Phys. des Arbres, t. 2, p. 84, alinéa 2.

Opération. Comprimer dès leur naissance des embryons de fruits, pour qu'en grossissant ils se soudent ensemble. (*Voyez a*, fig. 34, 1re sect., pl. 5.)

Usages. Propre à procurer des monstruosités remarquables.

Dénomination. Nom de la déesse des fruits, dans l'empire de laquelle s'opère naturellement cette greffe. (*Voyez a'*, mêmes fig. et pl., l'exemple de deux amandes greffées naturellement.)

II. **Greffe** (Leberriays) *par approche de fruits d'un arbre sur le rameau d'un autre arbre.*

Synonymie. G. d'un citron sur un oranger. Duham., Phys. des Arbres, t. 2, p. 97, alinéa 7.

Opération. Greffer un jeune fruit tenant à sa branche, sur le rameau d'une espèce congénère, par le procédé de la greffe Hymen ou Sylvain. (*Voyez b*, fig. 35, pl. 5. Pomme greffée sur le poirier.)

Usages. Cette sorte de greffe est curieuse, et utile aux progrès de la physique végétale.

Dénomination. A la mémoire estimable de Leber-

RIAYS, auteur du nouveau La Quintinie, et collabora-
teur de Duhamel-Dumonceau, dans son *Traité des
Arbres fruitiers* (1).

VIe SÉRIE.

GREFFES PAR APPROCHE DE FEUILLES ET DE FLEURS.

Ces greffes se rencontrent dans la nature ; on les re-
garde comme des jeux de hasard, des écarts de la végétation ou des monstruosités. La compression des
parties dans leur jeunesse, des blessures, des piqûres
d'insectes, un excès de nourriture, y donnent lieu le
plus souvent. Elles ne sont point en usage dans la pratique habituelle de la culture. On peut les employer
comme expériences utiles à la démonstration de l'organisation végétale.

SORTE.

1. Greffe (ADANSON) *par approche de feuilles et de
fleurs s'unissant ensemble, dans leur jeunesse, à
d'autres parties de végétaux.*

Synonymie. G. par approche de feuilles. ADANSON,
Fam. des Plantes, p. 69.

(1) Nouveau Traité des Arbres fruitiers, par Duhamel, nouvelle édi-
tion, très-augmentée par MM. Veillard, de Mirbel, Poiret et Loiseleur-
Deslongchamps, 2 vol. in-folio, ornés de 145 planches, à la *Librairie
Encyclopédique* de Roret, 12, rue Hautefeuille.
Fig. noires 50 fr.; — fig. coloriées. . . . . 100 fr.
Fig. coloriées, format jésus vélin. . . . . 150 fr.

Opération. Unir, par des incisions longitudinales, de jeunes feuilles ou de jeunes fleurs d'espèces ou de variétés différentes. (*Voyez c* et *c'* fig. 38, pl. 5, sect. 1re.)

Usages. Greffe curieuse, et utile à la physique végétale.

Dénomination. A la mémoire honorable d'ADANSON, physicien, botaniste et cultivateur très-distingué, qui le premier a indiqué cette sorte de greffe.

Beaucoup de greffes dont nous venons de passer en revue la série, peuvent être exécutées à toutes les époques de l'année ; mais cependant la plupart s'accommodent mieux du moment de l'entrée en sève des arbres avec lesquels on les fait. Quelques-unes exigent même impérieusement cette circonstance pour réussir.

Une des causes qui font manquer ces sortes de greffes, c'est la fermeture de la plaie faite à l'écorce, c'est-à-dire le défaut de soudure des parties ; mais on peut presque toujours faire renaître les chances de réussite en rouvrant cette plaie, en la rafraîchissant, comme disent les jardiniers. C'est principalement cette faculté qui les rend si avantageuses comparativement aux autres, puisque la seule perte qu'on ait le plus communément à craindre est celle du temps.

Le plus souvent un simple lien qui fixe fortement les deux parties de la greffe suffit pour déterminer leur soudure ; d'autres fois un bandage propre à la soustraire aux influences de l'air devient nécessaire ; il est même des cas, quand on emploie des rameaux très-minces, comme dans la greffe Varron, où il est très-avantageux de les entourer d'une poupée, ou de les faire passer à travers un cornet rempli de terre, de mousse, etc., afin de conserver une constante humidité autour d'elles.

Dans les sortes de greffes par approche où on entaille le bois soit transversalement, soit longitudinalement, on trouve encore un avantage très-précieux, c'est la solidité. Ceux qui ont été à portée de juger des pertes que les pépiniéristes, qui ne greffent qu'en fente ou en écusson, éprouvent chaque année par suite du décollement produit par les vents, les pluies d'orage, les quadrupèdes et les oiseaux, sont plus en état d'apprécier la valeur de cette remarque.

Nous devons faire observer cependant, pour éloigner une cause d'erreur, que ce n'est pas parce que les bois se soudent dans ce cas, mais parce qu'une ou plusieurs parties s'enchevêtrent les unes dans les autres. La plaie faite à l'aubier d'un arbre se recouvre par la production d'une nouvelle couche, mais jamais elle ne se répare. Il y a perpétuellement entre elles solution de continuité.

On gagne toujours à ne sevrer les greffes en approche qu'une année après celle où on s'est assuré de leur complète réussite, surtout lorsqu'elles appartiennent à des arbres à bois dur; cependant on les sèvre fréquemment au bout de la première. Nous faisons cette observation, parce que je me suis convaincu que la soudure n'était quelquefois qu'apparente, et qu'on perdait alors le fruit de ses peines.

SECTION II.

GREFFES PAR SCIONS (SURCULUS).

Le caractère essentiel qui distingue les greffes de cette section des trois autres, consiste en ce qu'on *emploie pour les effectuer de jeunes pousses boiseuses, comme bourgeons, ramilles, rameaux, petites branches et racines, qu'on sépare de leurs individus pour les placer sur un autre, afin d'y vivre et d'y croître à ses dépens.*

Ces greffes réussissent d'autant mieux qu'elles et la mère nourrice qu'on leur donne sont de même race, de même variété, de même espèce, de même genre et de même famille. Plus la parenté est rapprochée, plus les habitudes sont conformes entre elles, plus le succès est assuré.

On peut assimiler cette section des greffes, jusqu'à un certain point, avec des boutures qui, séparées de leurs pieds, sont mises en terre, soit pour y pousser des racines, soit pour y produire des bourgeons. Toute la différence consiste en ce que les greffes sont plantées sur des végétaux pour vivre à leurs dépens au moyen de leurs racines, tandis que les boutures sont mises en terre pour acquérir les organes qui leur manquent, et vivre ensuite de leurs propres moyens.

Cette section renferme ce qu'on nomme communément les greffes en fente, en couronne, de côté, par juxta-position et en bouts de branches. Nous les avons toutes réunies dans la même division, parce qu'elles n'offrent pas de caractères assez tranchés pour les en séparer; nous nous contenterons d'en composer des séries particulières dans cette même section.

Toutes ces greffes s'effectuent au moyen de la séparation des parties à greffer des individus sur lesquels elles sont nées. Souvent elles exigent la coupe de la tête ou des branches des sujets sur lesquels on les pose, et toujours des incisions, des entailles ou des plaies plus ou moins profondes, préparées pour recevoir et maintenir les greffes. Ce sont les différences dans la forme de ces plaies, la nature des parties sur lesquelles on les opère, la préparation des greffes, et le but qu'on se propose, qui forment les caractères spécifiques des différentes sortes que nous avons à décrire.

Placer une feuille de papier épais, ou un morceau d'écorce mince des deux côtés de cette greffe, sur la fente, afin de la garantir des injures de l'air ou des corps étrangers, est une très-utile précaution pour assurer sa reprise.

Ces greffes étant plus faciles à pratiquer que celles de la section précédente (les greffes par approche), sont aussi beaucoup plus communément employées. Elles sont effectuées sur de jeunes sujets d'un an, sur des arbres adultes, et sur les branches de vieux arbres approchant de la décrépitude.

Elles ont pour but de multiplier des variétés et des espèces déjà nées, dont les premières n'ont pas la faculté de se propager par leurs semences; pour les secondes, de transformer en individus utiles, agréables et rares, des êtres inférieurs sous l'un ou sous l'autre rapport, et de hâter leur fructification.

Mais c'est souvent aux dépens d'un plus ou moins grand nombre d'années de l'existence des individus qu'on soumet à cette opération, qu'on se procure ces avantages. Il est cependant des cas où cette sorte de greffe prolonge la durée, soit des greffes, soit des sujets.

Les sortes de greffes de cette section étant nombreuses, nous les diviserons en cinq séries différentes.

La première réunira celles connues sous la dénomination de greffes en fente, et qui se pratiquent au moyen de ramilles ou jeunes pousses produites par la dernière sève.

La seconde, celles nommées habituellement greffes en couronne, qu'on effectue avec de jeunes rameaux produits par l'avant-dernière sève, et dont l'âge est de douze à dix-huit mois.

La troisième comprendra les greffes en bouts de branches ou celles formées de rameaux garnis de leurs ramilles, de leurs feuilles, souvent de leurs boutons à fleurs, et quelquefois de leurs fruits.

La quatrième rassemblera les greffes de côté, ou celles qui s'effectuent sur les côtés des tiges des arbres, sans exiger l'amputation de leurs têtes.

La cinquième et dernière renfermera les greffes de racines sur les arbres, et celles de jeunes scions sur les souches de racines. Cette série étant peu nombreuse en sortes différentes, nous n'avons pas cru devoir la diviser, comme il semblerait que la nature des parties l'eût exigé.

Tableau des Greffes qui composent la section deuxième, ou celle des Greffes par Scions.

Caractère essentiel. — Parties boiseuses séparées de leurs individus, et insérées à d'autres places.

Ire SÉRIE.

GREFFES EN FENTE.

Ce qui constitue le caractère distinctif des greffes de cette série, c'est qu'elles s'effectuent avec des ramilles ou jeunes pousses de la dernière sève des végétaux ligneux, munies de deux jusqu'à cinq ou un plus grand nombre d'yeux ou gemma ; que pour les poser on est obligé de couper la tête des sujets et d'y pratiquer des fentes pour y introduire les greffes.

Elles s'effectuent au printemps, à l'époque de la première sève montante, dans les sujets ou sauvageons destinés à recevoir les greffes, et avec de jeunes pousses de quelques jours moins avancées en végétation que les sujets sur lesquels on les place. Par cette raison, on coupe ces greffes quelques mois avant de les employer, et on les place en terre dans un terrain frais, à l'exposition du nord, afin d'en retarder la végétation.

Leur préparation consiste à les couper horizontalement par leur extrémité supérieure, à la distance de 2 millim. (1 ligne) au-dessus d'un gemma, et à les affiler par le gros bout en forme de lame de couteau.

On donne à cette lame depuis 3 jusqu'à 12 millim.

(1 à 5 lignes) de large, sur 2 à 5 cent. (9 à 22 lignes) de long, suivant la grosseur des sujets. Elle doit offrir sur son bord intérieur un biseau tranchant, et sur son bord opposé un dos, dont l'épaisseur doit être du double ou du quadruple plus considérable que le coupant de la lame. Cette partie doit être garnie de son écorce, tandis que l'autre peut en être privée. On pratique souvent à la naissance de la lame un petit cran ou rebord de chaque côté du rameau, pour qu'étant posé il repose carrément sur la coupe de la tête du sujet, et fournisse un plus grand nombre de points de contact avec son écorce.

Cette série de greffes nécessite toujours l'amputation de la tête des sujets, à des hauteurs au-dessus de terre plus ou moins considérables, comme depuis le collet de la racine des sauvageons jusqu'à 2 et 3 mètres (6 et 9 pieds) de haut, ou celles des grosses branches sur lesquelles elles doivent être posées. Ces coupes doivent être faites avec des instruments bien tranchants et sans échauffer le bois par des frottements assez prolongés pour produire cet effet. Lorsqu'on est obligé d'employer la scie pour faire cette amputation sur des troncs ou de grosses branches d'arbres, il convient de parer les plaies avec la plane ou la serpette, pour enlever la couche de bois avarié par l'outil, supprimer les esquilles et la rendre très-unie.

La seconde opération qu'il est nécessaire de faire aux sujets, est d'y pratiquer des fentes, qui pour l'ordinaire partagent l'écorce de la coupe de leurs têtes. On se sert le plus communément, pour les effectuer, du tranchant de la serpette ou d'un ciseau de menuisier, sur lequel on frappe avec un marteau, lorsque les tiges sont dures ou très-grosses. Ces fentes doivent être perpendiculaires aux tiges, bien nettes dans leur intérieur, et trancher l'écorce sans la morceler ou la déchirer sur aucun de ses bords. Il est plus convenable de donner à ces fentes un peu plus de longueur qu'il n'en faut, que de les faire justes ou trop courtes pour recevoir les greffes.

Leur placement dans les fentes des sujets est l'opération qui demande le plus de soin, d'adresse et de célérité. D'abord on se sert du bec de la serpette ou d'un coin de bois dur qu'on introduit dans les fentes pour les tenir ouvertes au degré convenable; ensuite on y pose les greffes sans efforts, à l'effet que les bords des écorces ne soient point lacérés; enfin on ajuste les greffes dans ces fentes, de manière que la ligne qui sépare les couches de l'écorce de celles de l'aubier corresponde le plus exactement possible avec celle qui partage ces deux parties dans le sujet. Cette précaution est la plus essentielle, et elle est même de rigueur pour la réussite de cette opération dans la presque totalité des végétaux ligneux. Il n'existe d'exceptions à ce principe que pour un très-petit nombre d'arbres. On doit peu s'occuper si les écorces de la greffe et du sujet sont au même niveau à l'extérieur; ce serait même une preuve de mal-façon, parce qu'étant nécessairement d'inégale épaisseur, à raison de l'âge des parties, si elles se trouvent de niveau à leur extérieur elles ne peuvent l'être à leur intérieur.

Des ligatures sont nécessaires pour assujettir les parties réunies et les maintenir à leurs places jusqu'à ce qu'elles y soient soudées et fassent corps ensemble; les meilleures sont les plus simples, telles que les jeunes écorces fraîches d'orme, de frêne, de tilleul, le jonc, la brindille d'osier, qui, à l'époque où se font ces greffes, sont en sève et très-flexibles. A leur défaut, on peut se servir de filasse, de laine filée, de ficelle et autres liens; mais ces substances ouvrées ne valent pas les premières, parce qu'elles se resserrent beaucoup plus qu'elles par l'humidité, et qu'elles s'étendent par la sécheresse; ce qui peut être nuisible à la réussite de ces sortes de greffes.

Il convient, pour terminer l'opération, de couvrir ces greffes d'un emplâtre pour abriter leurs plaies de la pluie, du hâle, de la lumière, et leur procurer une humidité favorable à leur reprise. Le plus simple qu'on puisse employer est aussi le meilleur : c'est de la terre argileuse, telle que celle dans laquelle croissent les beaux froments, un peu plus forte seulement, qu'on mélange avec un tiers de fiente fraîche de bêtes à cornes, et à son défaut avec du menu foin, de la mousse, du crin ou de la laine hachée. On pétrit ces substances mélangées avec de l'eau, en consistance de terre à modeler, et on couvre les parties opérées depuis 10 millim. (4 lignes) d'épaisseur jusqu'à 6 cent. (27 lignes), suivant que les sujets ont la grosseur d'un tuyau de plume ou celle de la jambe. Ces sortes d'emplâtres, auxquels on donne le nom de poupée parmi les cultivateurs, doivent être épais dans leur milieu et s'amincir graduellement par les deux bouts en forme de bobine. Pour les empêcher d'être gercés par les hâles, ou délayés par les pluies, on les entoure de mousse longue, de menu foin, et souvent de vieux linges ou drapeaux sans usage. Après nous être servi de toutes les petites recettes d'emplâtres à greffes qui occupent de grandes places dans les livres, nous avons reconnu que celui que nous indiquons, et qui est le plus anciennement employé sous le nom d'onguent de Saint-Fiacre, est le meilleur pour la plus grande partie de ces sortes de greffes.

Leur surveillance pendant la première année de leur confection exige de l'assiduité dans toutes les saisons. Il convient d'ébourgeonner souvent les tiges des sujets qui les portent, non pour supprimer tous les bourgeons des sauvageons, il est nécessaire d'en réserver quelques-uns de distance à autre pour faire monter la sève, l'amuser et opérer le grossissement des tiges, mais bien pour détruire ceux qui se trouvent trop rapprochés les uns des autres, et ceux qui, devenant trop vigoureux, s'empareraient à leur profit de la sève nécessaire à la nourriture des bourgeons des greffes. Par ce moyen, les bourgeons ne deviennent pas des gourmands que le moindre vent, accompagné de pluie, décolle avec facilité; les tiges prennent un accroissement proportionné à leurs têtes, et les racines sont alimentées par une sève descendante copieuse.

Malgré cette attention dans l'ébourgeonnage, il arrive souvent que les pousses des greffes ont besoin d'être soutenues par des tuteurs, surtout dans les pays où les vents sont impétueux. Il convient de les établir de bonne heure, avant que le besoin s'en fasse sentir impérativement, sans quoi on perd un grand nombre de ces greffes.

La visite des ligatures des greffes, des bourgeons et des tiges, est encore une chose essentielle, à l'effet d'examiner si elles n'occasionnent pas de bourrelets et d'étranglements susceptibles de couper les parties sur lesquelles elles ont été établies. Dans le cas où elles se trouvent trop serrées, il convient de les délier et de les rétablir sur les parties proéminentes formant des bourrelets.

Enfin à l'approche de l'hiver, dans les pays froids, il est utile d'envelopper de menu foin les poupées des greffes des espèces d'arbres étrangers délicats, pour préserver leurs bourgeons encore tendres des fortes gelées qui peuvent les endommager. Au printemps suivant, les poupées et les ligatures de la presque totalité de ces greffes peuvent être supprimées, les bourgeons taillés, suivant la nature des arbres et les projets ultérieurs des cultivateurs.

SORTES (1).

I. Greffe (ATTICUS) *en fente à un seul rameau, de diamètre plus petit que celui du sujet.*

Synonymie. G. en fente simple. DUHAM. Phys. des Arb., t. 2, p. 67, alinéa 3, pl. 11, fig. 95.

(1) Les exemples de chacune de ces sortes de greffes sont présentés par cinq jeunes arbres ou arbustes, qui occupent 2 mètres carrés de terrain.

Opération. Couper, au collet de la racine ou à différentes hauteurs jusqu'à celle de 2ᵐ,60 (8 pieds), des tiges de sujets, les fendre dans le milieu de leur diamètre (*Voyez a*, 2ᵉ sect., pl. 6, fig. 48), et y insérer une greffe après l'avoir taillée par sa base en lame de couteau. (*Voyez a'*, même planche.)

On l'établit à toutes les hauteurs, et souvent sur le collet des racines. On gagne, dans ce dernier cas, un degré de certitude de réussite de plus, à raison de la constante humidité dans laquelle elle se trouve. Il est même des arbres, tels que le ROBINIER INERME, qui manquent presque toujours lorsqu'ils sont greffés ainsi à une certaine élévation. Quelques agronomes ont prétendu qu'on n'obtenait jamais d'aussi beaux arbres par la greffe entre deux terres, que par celle faite à 1 mètre 65 centim. ou 2 mètres (5 ou 6 pieds) d'élévation; mais l'expérience n'appuie point cette opinion d'une manière assez générale pour qu'on doive l'adopter.

Usages. Propre à la vigne, aux arbres dont les greffes doivent être enterrées, et à ceux destinés à former de grands vergers, que l'on greffe à haute tige.

et qui sont plantés par lignes et en échiquier. Le premier individu offre le sujet préparé pour recevoir la greffe; le second présente le sujet greffé à la dernière saison; le troisième, la greffe reprise; le quatrième, la greffe consolidée; le cinquième et dernier, le sujet complètement transformé dans l'espèce de la greffe. Ces derniers étant enlevés à l'automne de chaque année, sont remplacés par des sauvageons qui doivent être greffés l'an suivant. Il résulte de cette disposition que les opérations nécessaires pour chaque sorte de greffe sont présentées dans toute leur gradation, et que la série des exemples est toujours complète.

Dénomination. A la mémoire de Lucius Atticus, auteur de l'Antiquité, qui recommande l'usage de cette greffe pour transformer en bonnes espèces les vignes sauvages.

II. Greffe (Olivier de Serres) *en fente de rameaux sur des branches nouvellement marcottées.*

Synonymie. G. *sur provins, pour la vigne.* Oliv. de Serres, Théât. d'Agr., t. 1, p. 257, col. 2, alinéa premier.

Opération. Marcotter autour d'un cep de vigne (*Voyez b,* 2° sect., pl. 6, fig. 55), ou d'une cépée d'arbres, des sarments ou de jeunes branches, 1 et 2, les couper à 2 décimètres (7 pouces) au-dessous du niveau de la terre; les fendre et les greffer avec des rameaux d'espèces plus recherchées; enterrer les greffes, et n'en laisser sortir hors du sol que les deux derniers yeux.

Usages. Pour multiplier abondamment et plus rapidement que par les procédés ordinaires des espèces de vignes précieuses et des arbres étrangers.

Dénomination. A la mémoire vénérable d'Olivier de Serres, le restaurateur de l'agriculture en France, et l'inventeur de cette greffe.

Il y a peu de différence entre la greffe Olivier de Serres et la greffe Atticus. Exécutée sur le collet des racines, c'est principalement sur la vigne qu'on emploie la première. On peut aussi en faire usage pour faire gagner une et même deux années aux arbres qu'on multiplie de marcottes dans les pé   ières, tels que le tilleul, le mûrier, l'olivier, etc.

III. Greffe *en fente*, *en double V (W)*, *Manuel complet du Jardinier*, par *L. Noisette*, t. 2, 1re part., p. 61 et 62.

Opération. Fendre le sujet par une incision plus profonde que pour la greffe Atticus, en deux parties égales, de manière à former deux espèces de Cornes dépassant de 14 millim. (6 lignes) la partie opérée de la greffe, taillée, du reste, comme la précédente. (*Voyez* pl. 1re, fig. 55 *bis.*)

Usages. Propre à greffer la vigne et autres arbres dont les branches périssent ordinairement à quelques centimètres au-dessous de la partie coupée : tels sont la plupart des arbres à moelle épaisse et volumineuse.

IV. Greffe (BERTEMBOISE) *en fente à un seul rameau porté sur un sujet et taillé en biseau, dans la partie qui n'est pas occupée par la greffe.*

Synonymie. G. en fente, autre sorte. DUHAM. Phys. des Arb., t. 2, p. 69, alinéa 3. — *G. en fente de Burchardt.* SICKLER, Jard. allem., t. 12, p. 298, pl. 17, fig. 1 et 4.

Opération. Couper la tête du sujet, pratiquer une fente, y introduire un rameau, *c'*, (2e sect., pl. 6, fig. 46), et tailler en biseau long la partie de la coupe du sujet qui n'est pas couverte par la greffe. (*Voyez c*, même fig.)

Usages. Propr   rendre les bourrelets des greffes moins saillants,   à former de plus belles tiges.

Dénomination. la mémoire de BERTEMBOISE, jardinier en chef du Jardin des Plantes de Paris, cultivateur très-distingué, qui a mis ces sortes de greffe en pratique, et qui est mort en 1745.

On trouve quelques avantages à employer la greffe Bertemboise plutôt que la greffe Atticus; cependant comme elle demande une opération de plus, il est rare qu'on la pratique dans les grandes pépinières. C'est la greffe en fente, en bec de flûte de quelques auteurs.

V. Greffe (KUFFNER) *en fente à un seul rameau de même diamètre que le sujet, et dont un des côtés est enlevé pour être remplacé par la greffe.*

Synonymie. G. *des comtes.* AGRICOLA, Agric. parf., 1re partie, p. 223 et 241, pl. 13, fig. CC, DD.

Elle offre cinq variétés différentes, indiquées ci-dessous par les cinq premières lettres de l'alphabet.

a. G. *d'incision de l'empereur.* AGRICOLA, Agric. parf., partie première, p. 220, alinéa BB, pl. 13, fig. BB.

b. G. *de rapport oblique.* ET. CALVET, Trait. des pépin., t. 2, p. 92, pl. 1, fig. 13, let. NN, RR.

c. G. *allemande.* SICKLER, Jard. all., t. 16, pl. 13, fig. 7.

d. G. *par copulation.* SICKLER, Jard. all., t. 2, p. 139, tab. 12, fig. 4.

e. *G. de Holyk.* SICKLER, Jard. all., t. 2, p. 139, tab. 12, fig. 5.

Opération. Les greffes doivent être exactement de même diamètre que les tiges des sujets sur lesquels on les dose.

Les tiges doivent être entaillées à mi-épaisseur en sens inverse, de manière qu'étant réunies, chacune d'elles remplace ce qui a été supprimé à sa voisine. (*Voyez d* et *d'*, pl. 6, fig. 47.)

Usages. Plus propre à figurer dans l'histoire des greffes que dans la pratique de cet art, parce qu'elle est peu solide.

Dénomination. A la mémoire de FRÉDÉRIC HUFFNER, auteur d'un ouvrage étendu sur les greffes, publié au commencement du dix-huitième siècle, et inventeur de celle-ci.

VI. Greffe (MAUPAS) *en fente à un seul rameau, à yeux dormants, en réservant les branches du sujet placé au-dessus de la greffe.*

Synonymie. G. en fente dans un temps inusité. RASTMAUPAS, Annal, de l'Agr. franc., t. 35, p. 384.

Opération. Établir à sève tombante, en août, une greffe en fente *e'*, pl. 6. fig. 52, sur un jeune sujet, et lui laisser la plus grande partie de ses rameaux inférieurs à cette greffe. (*Voyez e*, même figure.)

Supprimer toutes ses branches et tous ses bourgeons au printemps suivant, pour déterminer la sève à se porter sans partage sur les gemma de la greffe, et à faire croître les bourgeons.

Usages. Peu fréquente dans la pratique ordinaire, mais elle peut être employée avec succès pour la multiplication d'arbres étrangers de pleine terre à gemma écailleux.

Jusqu'à présent on ne connaissait pas la greffe que nous appelons Maupas, du nom de son inventeur, greffe qui peut être utile dans plusieurs circonstances. Elle ne diffère au reste de la greffe Atticus que par l'époque de son exécution, les mois d'août et de septembre, et par la conservation de toutes les branches du sujet. C'est pour la greffe en fente ce que la greffe à œil dormant est pour la greffe en écusson.

Dénomination. En l'honneur de M. Rast-Maupas, son inventeur, propriétaire cultivateur d'une riche collection de végétaux étrangers, près Lyon.

VII. Greffe (Ferrari) *en fente à un seul rameau de même diamètre que la tige du sujet.*

Synonymie. G. en fente. Duham., Phys. des Arbr., t. 2, p. 68, alin. 3, pl. 11, fig. 96 et 97.

Var. a. G. en fente, *nouvelle variété.* Et. Calvel, Trait. des Pépin., t. 2, p. 84, pl. 1, fig. 9, A, B, X, Z.

Opération. Tailler en manière de bec de hautbois l'extrémité de la greffe, *f* (fig. 49, pl. 6); l'insérer dans une fente établie au milieu du diamètre du sujet *f;* réserver les deux liserets d'écorce du bec de la greffe, et les faire coïncider avec celle du sujet.

Quelquefois, au lieu de fendre le sujet *f* dans son milieu, on le fend au tiers de son diamètre pour laisser la moelle intacte.

Usages. Employée sur de jeunes sujets d'arbres fruitiers, et sur des arbustes à fleurs, tels que les jasmins d'Espagne, des Açores, d'Arabie et autres. Pratiquée très-communément à Gênes.

Nous avons donné le nom de greffe Ferrari à celle dont le rameau est coupé à angle droit jusqu'au quart de son épaisseur de chaque côté, et dont le milieu est taillé en bec de hautbois. Tantôt on insère cette greffe dans une fente qui passe par le centre du sujet, tantôt dans une fente pratiquée entre ce centre et l'écorce, ce qui forme deux variétés.

Dénomination. A la mémoire estimable de FERRARI, auteur d'un bel ouvrage italien sur la culture des fleurs, publié dans le dix-septième siècle, et promoteur de cette greffe.

VIII. Greffe (LÉE) *à un seul rameau taillé par sa base en coin triangulaire, et placé dans une rainure de même forme, sans fendre le cœur du bois.*

Synonymie. G. en fente. (Clest, Stock, or Slitgrafting). Fonsy. Traité des Arb. fruit., p. 243 et 382, pl. 11, fig. 2, let. *e, f.*

Opération. Faire une entaille triangulaire sur le côté d'un sujet dont a coupé la tête. (*Voyez g,* 2e sect. pl. 6, fig. 58.)

Tailler le bas de la greffe en pointe triangulaire de même dimension que l'entaille du sujet g, et unir les parties.

Usages. Pour des arbres délicats dont la colonne médullaire ne doit point être lacérée, et de grosses tiges d'arbres dont l'écorce boiseuse offre peu de sève.

La greffe Lée diffère de toutes celles que nous venons de citer, en ce qu'elle ne se place pas dans une fente, mais dans une entaille longitudinale et triangulaire. On taille l'extrémité du rameau de la longueur, de la largeur et de la forme de l'entaille.

Dénomination. L'auteur de cette greffe de moderne invention n'étant pas connu, on lui a donné le nom d'un de ses compatriotes, M. LÉE, cultivateur négociant de Londres, possesseur d'une riche collection de végétaux étrangers.

IX. Greffe (MILLER) *à un seul rameau placé sur la coupe du sujet.*

Synonymie. G. *en langue.* MILLER, Dict. des Jard., t. 3, p. 553, col. 1, alin. 2.

Elle offre trois variétés principales qui sont :

a. *G. en langue.* SICKLER, Jard. All., t. 3, p. 132, pl. 8, fig. 4 et 5.

b. *G. de Kruse.* SICKLER, Jard. All., t. 7, p. 259, pl. 14, fig. 1 et 2.

c. *G. anglaise.* SICKLER, Jard. All., t. 7 p. 265, pl. 14, fig. 4, 5, 6, 7 et 8.

Opération. Tailler la greffe par sa base en langue d'oiseau surmontée d'une dent *h'* (fig. 57, pl. 6); pratiquer sur la coupe horizontale du sujet *h* une hoche pour recevoir la dent de la greffe, et une plaie longitudinale pour être couverte par sa languette, et unir les parties.

Usages. Propre à être pratiquée sur des tiges et des racines d'un grand nombre d'espèces d'arbres.

Cette sorte de greffe est fréquemment employée, dans les pépinières bien dirigées, pour greffer des arbres et arbustes difficiles à multiplier par le moyen des autres. Elle n'a contre elle que la longueur et la difficulté de son exécution.

Dénomination. A la mémoire honorable de PHILIPPE MILLER, jardinier de Chelse, en 1731, auteur du Dictionnaire des Jardiniers, ouvrage qui a mérité à ce cultivateur la reconnaissance et l'amour de ses concitoyens, ainsi que l'estime des agronomes de toutes les nations de l'Europe.

X. Greffe (Anglaise) *à un seul rameau de même diamètre que le sujet, avec l'esquille.*

Synonymie. G. en fente, 3ᵉ sorte, ou à l'anglaise. Séanc. des Ecol. Norm., t. 91, p. 281.

Opération. Couper en biseau très-prolongé la tête du sujet, et pratiquer une fente dans le milieu de la longueur de la plaie. (*Voyez* 2ᵉ sect., pl. 6, fig. 56.)

Répéter la même opération sur le rameau de la greffe, mais en sens inverse *i"*, et unir les parties.

Usages. Propre à la multiplication des arbres étrangers à bois dur. Cette greffe est d'une grande solidité.

Dénomination. Nom sous lequel elle est connue en

France : il indique l'origine de cette greffe, à défaut du nom de l'inventeur qui nous est inconnu.

Cette ingénieuse greffe, une des plus sûres à la reprise et des plus solides, est réservée plus particulièrement pour la multiplication des arbres rares, à bois dur ou cassant, tels que les chênes, les hêtres et les charmes.

XI. Greffe (Anglaise à queue) *à un seul rameau, de même diamètre que le sujet, en réservant à la greffe une partie de sa tige inférieure.*

Opération. La même que la précédente, à cette différence près, que l'on réserve au rameau greffé une longueur de quelques centimètres de la tige inférieure.

Usages. En opérant cette greffe, on avait pour but de savoir si la sève descendante pourrait alimenter la partie du rameau qui se trouve au-dessous de l'opération. L'expérience a réussi complètement, et non-seulement ce rameau s'est couvert de feuilles, mais il a donné des fruits. (*Voyez o*, 3e sect., pl. 8, fig. 106.)

C'est un fait bien important de physique végétale.

La Saint-Clair ou greffe anglaise à queue n'est qu'une variété de sa sorte. Elle s'en distingue seulement par un appendice qui descend au-dessous de la partie greffée. Son objet est la démonstration de l'existence de la sève descendante, encore incertaine pour quelques personnes.

XII. Greffe (Le Nôtre) *en fente à un seul rameau placé sens dessus dessous.*

Synonymie. G. *sens dessus dessous.* Roger-Schabol, Prat. du Jard., t. 1er, p. 79, alin. 1er.

Opération. Tailler le rameau destiné à former la greffe (*j'*, 2e sect. pl. 6, fig. 53), par son petit bout, en manière de lame de couteau.

L'insérer dans une fente pratiquée sur la coupe de la tête d'un sujet, comme dans la greffe Atticus. (*Voyez* même figure.)

Usages. Non employée dans la pratique habituelle. Pouvant servir à hâter la fructification. Utile comme expérience de physiologie végétale, puisque les bourgeons, quoique tournés vers la terre par leur sommet, se redressent en croissant, et poussent dans une direction verticale.

Il n'est pas permis de considérer la greffe Le Nôtre autrement que comme propre à amuser ou instruire; car elle ne diffère de la greffe Atticus que par la position renversée des bourgeons.

Dénomination. A la mémoire honorable de Le Nôtre, l'architecte de jardins le plus distingué du xviie siècle. Il a construit ceux des Tuileries, de Versailles, et la plupart des grands jardins du genre symétrique de l'Europe.

XIII. Greffe (Palladius) *en fente à deux rameaux placés à l'opposé, occupant chacun la demi-circonférence de la coupe du sujet.*

Synonymie. G. en fente. Colum., liv. 5, p. 285, lig. 16.

Var. a. *G. en fente à deux rameaux placés au tiers de la circonférence du sujet.* Et. Calo., Traité des Pépin. t. 2, p. 79, alin. 3, pl. 1, fig. 8.

Opération. Fendre la tête d'un sujet au milieu ou au tiers de son diamètre.

Placer sur les deux bords extérieurs de la fente deux rameaux *k'* taillés en lame de couteau. (*Voyez k,* 2ᵉ sect., pl. 6, fig. 54.)

Usages. Employée pour des sujets dont la coupe offre 2 à 4 centimètres (9 à 18 lignes) de large. Elle multiplie les chances de la réussite, et fournit les moyens de varier la couleur des fleurs et les variétés de fruits sur un même individu.

C'est une double greffe Atticus. Elle à sur cette dernière l'avantage de multiplier les chances de la reprise, et de régulariser plus promptement la tête de l'arbre. On la pratique très-fréquemment sur les arbres fruitiers lorsqu'on les greffe après leur cinquième année. Par son moyen, il est possible de greffer sur le même pied les deux sexes des arbres dioïques, ou des variétés différentes de fleurs ou de fruits ; mais on arrive également au même résultat par d'autres sortes de greffes. Nous observons en passant que les variétés qu'on greffe ainsi durent peu, attendu que la plus vigoureuse de ces greffes absorbe toute la sève, et fait plus ou moins promptement mourir la plus faible.

Dénomination. A la mémoire de PALLADIUS, agronome romain de l'antiquité, qui a naturalisé les citronniers en Italie, d'où ils ont été apportés dans le midi de la France.

XIV. Greffe (de la vigne) *en fente à deux rameaux placés des deux côtés de la demi-circonférence du sujet, sans offenser la moelle.*

Synonymie. Ente de la vigne. CONSTANT. CÉS. liv. 4, chap. 11, p. 47.

Opération. Découvrir une souche de vigne; couper sa tige à un décimètre (3 pouces 9 lignes) au-dessous du sol; former deux rainures triangulaires sur les côtés.

Tailler en pointe triangulaire deux sarments, les ajuster exactement dans les rainures du sujet, et recouvrir de terre les racines, en ne laissant sortir hors du sol que les deux derniers yeux des greffes.

Usages. Pour transformer en bonnes espèces des variétés de vignes de médiocre qualité, et pour augmenter la quantité de leurs produits.

Dénomination. Nom donné à cette greffe par les auteurs de l'antiquité, en raison de son usage le plus fréquent.

XV. Greffe (CONSTANTIN. CÉSAR) *en fente à deux rameaux, avec suppression de la moelle du sujet.*

Synonymie. Ente de la vigne laxative et unguentère. CONSTANT. CÉSAR, liv. 4, chap. 7 et 8, p. 46.

Opération. Couper un cep de vigne un peu au-dessous de la surface de la terre ; le fendre dans le milieu de son diamètre , enlever la moelle, et la remplacer par des aromates, des couleurs ou des médicaments.

Poser sur les bords de la fente deux greffes taillées en lame de couteau par leur base et les enterrer en ne laissant sortir au-dessus du sol que leurs deux derniers yeux.

Usages. Pour se procurer (disait-on) des raisins odorants de diverses couleurs, qui partagent les propriétés des médicaments qui remplacent la moelle des sujets (opinion démontrée de toute fausseté).

Dénomination. A la mémoire de CONSTANTIN CÉSAR, empereur d'Orient, dont il nous reste vingt traités sur l'économie rurale des temps antiques, et qui est l'inventeur de cette greffe bizarre.

XVI. Greffe (TROCHEREAU) *en fente, à deux rameaux, sans inciser le canal médullaire du sujet.*

Opération. Cette greffe ne se distingue de la greffe Palladius, fig. 54, pl. 6, qu'en ce qu'au lieu de fendre la tige du sujet par son diamètre, de manière que l'incision forme deux arcs égaux, on la fend à quelque distance du canal médullaire, pour ne point inciser celui-ci. (*Voyez* fig. 50, 2ᵉ sect. pl. 6.)

Usages. Elle convient à des espèces rares et délicates qui pourraient souffrir de la lésion de leur moelle.

XVII. Greffe (LA QUINTINIE) *à deux fentes partageant en quatre parties égales la coupe du sujet, sur lequel on place quatre rameaux.*

Synonymie. G. en fente. LA QUINTINIE, Instruct. pour les Jard. fruit., tome 2, page 65, alin. 5.

G. *en fente à quatre rameaux.* DUHAM., Phys. des Arbr., t. 2, p. 67, alin. 1er.

Opération. Couper la tête ou de grosses branches du sujet; les fendre en quatre parties égales dans la longueur de 1 à 6 centimètres (5 à 27 lignes). (*Voyez m*, 2e sect., pl. 6, fig. 51.)

Placer au bord de chaque fente une greffe taillée par sa base en lame de couteau, et envelopper le tout d'une poupée.

Usages. Propre à être employée sur de gros sujets et de fortes branches pour remplacer la tête de vieux arbres, et les transformer en espèces plus utiles ou plus agréables.

On appelait jadis greffe en croix celle que nous dédions à La Quintinie. Elle ne diffère de la greffe Palladius que parce qu'au lieu de faire seulement une fente au sujet, on en fait deux qui se coupent à angles droits. Son usage est très-fréquent parmi les cultivateurs des départements éloignés de la capitale, qui croient qu'il y a de l'avantage à ne greffer les arbres fruitiers que lorsqu'ils sont parvenus au moins à la grosseur du bras.

Cette opinion est jusqu'à un certain point fondée en raison, car, en greffant un arbre, on retarde nécessairement sa croissance, et plus cet arbre est vigoureux, et plus promptement il répare la perte de ses branches, et par conséquent de ses feuilles.

Dénomination. A la mémoire honorable de JEAN DE LA QUINTINIE, directeur des jardins fruitiers et potagers de Louis XIV, auteur d'un traité estimable sur la culture des jardins, et le promoteur de cette greffe utile.

II° SÉRIE.

GREFFES EN TÊTE OU EN COURONNE.

Cette série se distingue des autres, en ce que, 1° les greffes sont, pour l'ordinaire, choisies parmi les rameaux de l'avant-dernière sève, et quelquefois dans ceux de l'âge de dix-huit mois ; et 2° qu'elles se posent sur les sujets sans fendre le cœur du bois.

D'ailleurs elles nécessitent, comme celles de la précédente série, l'amputation de la tête des sujets, ou celle des branches sur lesquelles on les place. De plus, les époques dans lesquelles on les effectue, les ligatures, les poupées et les soins de culture sont, à très-peu de différence, les mêmes.

Cette série de greffes convient plus particulièrement à de jeunes sujets dont les vaisseaux séveux ont un très-petit diamètre et le bois très-dur. On les emploie aussi sur de gros arbres fruitiers de la division de ceux à pépins, dont les troncs ou branches à greffer ont plus d'un décimètre (3 pouces 9 lignes) d'épaisseur. Dans

ce cas, elles suppléent avec avantage les greffes en
fente et celles à écusson ou gemma.

SORTES.

1. Greffe (DUMONT-COURCET) *en tête, à un rameau
échancré triangulairement par sa base, pour être
posé sur un sujet taillé en coin.*

Synonymie. G. *par enfourchement.* DUHAM., Phys.
des Arbr., t. 2, p. 69, alin. 1er, pl. 12, fig. 98.

Var. *a.* G. *de Bamberg.* SICKLER, Jard. Allem., t. 2,
pl. 12, fig. 8.

Opération. Couper la tête d'un jeune sujet, amincir
la partie qui reste en forme de coin très-prolongé, et
réserver les écorces sur les côtés.

Former à la base du rameau à greffer une échan-
crure triangulaire propre à recevoir le coin du sujet
dans toute sa longueur, et unir les deux parties. (*Voyez*
a, pl. 6, fig. 61.)

Usages. Indiquée pour greffer la vigne, et employée,
dans quelques jardins, sur de jeunes sujets, pour la
multiplication d'arbres étrangers.

Les pépiniéristes emploient peu la greffe Dumont,
qu'on a appelée aussi greffe par enfourchure, greffe à
cheval, greffe anglaise, et qui diffère peu de la greffe
Kuffner.

Dénomination. En l'honneur de M. DUMONT-COUR-
CET, auteur du Botaniste cultivateur, ouvrage très-recommandable.

II. Greffe (HERVY) *en tête à un rameau, taillé en coin, par sa base, pour être posé sur le sujet, dans une entaille triangulaire.*

Synonymie. G. *à incision d'entaille.* AGRICOLA, Agric. parf., part. 1re, p. 241, pl. 13, fig. EE, F, G, H, I.

G. *de la vigne dans le Bordelais.* COSTA, Agr. des pays montueux, édition de 1802, p. 147.

Var. *a.* G. *d'incision générale.* AGRICOLA, Agric. parf., part. 1re, p. 240, pl. 13, fig. AA.

Opération. Couper la tête d'un cep de vigne au collet de sa racine; y pratiquer une entaille triangulaire d'un à deux centimètres (5 à 9 lignes) de profondeur.

Tailler un sarment par son gros bout en forme de coin, l'ajuster exactement dans l'entaille de la racine, et ne laisser sortir de terre que deux yeux de la greffe. (*Voyez*, pour l'opération, la greffe Ferrari, fig. 49, pl. 6.)

Pratiquer la même opération sur de jeunes sujets à différentes hauteurs de leurs tiges.

C'est la contre-partie de la greffe précédente.

Usages. Recommandée spécialement pour greffer la vigne en grand dans les pays de vignoble.

Propre à multiplier de jeunes arbres à bois dur, et dont les greffes reprennent difficilement.

Dénomination. A la mémoire estimable de CHRISTOPHE HERVY, directeur de la pépinière des Chartreux de Paris, à la fin du siècle dernier. Cultivateur aussi modeste qu'instruit dans la nomenclature, la multiplication et la culture des arbres fruitiers.

III. Greffe (PLINE) *en couronne à rameaux insérés entre l'aubier et l'écorce du sujet.*

Synonymie. Insitio inter corticam et lignum. PLINII.

G. *pour rajeunir de vieux arbres.* DEUTSCHES, Gært., Mag., pl. 22, fig. 1, 2 et 3.

Opération. Couper le tronc ou les grosses branches d'un sujet *e,* 2ᵉ sect., pl. 6, fig. 66, soulever par places l'écorce de dessus l'aubier.

Tailler les greffes en forme de bec de flûte (*Voyez e'*, fig. 67, pl. 6); pratiquer un cran à la partie supérieure de l'entaille, et les introduire entre l'écorce et le bois du sujet.

Usages. Propre à rajeunir de vieux arbres en remplaçant leurs anciennes branches par de nouvelles branches plus fertiles.

On préfère cette sorte de greffe principalement quand on veut greffer des sujets qui ont la grosseur de la jambe. Elle réussit mieux sur les arbres à fruits à pepin que sur ceux à fruits à noyau. On met depuis cinq jusqu'à douze greffes sur la même branche.

Dénomination. A la mémoire de PLINE le naturaliste, qui a décrit cette greffe.

IV. Greffe (Théophraste) *en couronne à rameaux insérés entre l'aubier et l'écorce du sujet, en fendant cette dernière.*

Synonymie. G. *entre l'écorce.* Agricola, Agr. parf. part. 1ʳᵉ, p. 192, pl. 7, fig. C.

G. *dans l'écorce, à épaule ou en couronne.* Forsy. Traité des arbres fruitiers, p. 381, pl. 11, fig. 1, let. *a, b, c.*

Opération. Couper la tête ou les grosses branches d'un sujet; fendre l'écorce à partir de la circonférence de la coupe, aux endroits où l'on veut placer les greffes.

Tailler de la même manière que les précédents les rameaux destinés à former les greffes, et les insérer sous l'écorce aux places où elle a été fendue. (*Voyez f,* fig. 63, pl. 6.)

Usages. Propre à remplacer avec avantage la précédente, et fournissant un moyen facile de placer sur un sujet un plus grand nombre de greffes.

Elle ne diffère de la précédente que parce qu'on fend une partie de la longueur de l'écorce qu'on a soulevée pour y introduire la greffe. Souvent, en voulant pratiquer la greffe Pline, on exécute celle-ci contre son gré, pour peu que l'écorce soit mince ou rigide.

Dénomination. A la mémoire de Théophraste, auteur grec, qui a décrit cette greffe dans son Histoire des plantes, où il indique leurs usages dans la médecine et l'économie rurale.

V. Greffe (LIÉBAULT) *en couronne à rameaux insérés sur le collet de la racine de forts sujets.*

Synonymie. G. *en petite couronne, pour la multiplication des arbres fruitiers.* OLIVIER DE SERRES, t. 2, p. 369, col. 2, alin. 2.

Opération. Déchausser un arbre, le couper au collet de sa racine, insérer entre le bois et l'écorce, par le moyen de l'une des deux greffes précédentes, autant de rameaux qu'il pourra y en être contenu; enterrer ces greffes jusqu'aux deux tiers de leur hauteur.

L'année suivante, laisser croître les greffes, en ne supprimant que les rameaux latéraux. La troisième année, marcotter toutes ces greffes en anse de panier tout autour de la souche.

Usages. Pour obtenir des *mères marcottes* d'arbres utiles ou agréables, qui puissent donner pendant long-temps beaucoup de jeunes individus francs de pied.

OLIVIER DE SERRES recommande l'emploi de la greffe Liébault pour établir des mères marcottes, et effectivement elle est très-propre à remplir cet objet. Du reste elle ne diffère de la greffe Pline que par le lieu où elle est opérée.

Dénomination. A la mémoire de CH. et ÉTIENNE LIÉBAULT, agronomes du seizième siècle, inventeurs de cette greffe et auteurs de la première édition de la *Maison rustique*, ouvrage estimable qui fait connaître l'état de l'agriculture à cette époque.

IIIᵉ SÉRIE.

GREFFES EN RAMILLES.

On distingue aisément les greffes de cette série de toutes les autres, en ce qu'elles s'effectuent avec de petites branches garnies de leurs rameaux, de leurs ramilles, de leurs feuilles, souvent de leurs boutons à fleurs, et quelquefois de fruits naissants.

Elles s'exécutent au moyen de l'amputation de la tête des sujets et d'entailles de différentes sortes. Les ligatures et les poupées se pratiquent de la même manière que sur celles des séries précédentes; mais les soins de culture sont plus exigeants, et l'époque de leur confection est le plein de la première sève de l'année.

Ces greffes ont l'avantage sur celles de toutes les autres sections et séries, de donner les jouissances de la plus prompte fructification. Elle est telle qu'elle les accélère de quinze à vingt ans, et qu'en semant un pépin à une époque déterminée, on peut, avant l'année révolue, recueillir du fruit mûr sur l'individu qui en naîtra.

Mais elles sont en général d'une exécution plus difficile, et par conséquent moins sûres; elles exigent des soins plus assujettissants pour régler la chaleur, la lumière et les arrosements qui leur conviennent. Peut-être aussi sont-elles moins durables que les autres; ce sont les raisons pour lesquelles on en fait peu d'usage dans la pratique habituelle de la culture.

Toutes ces greffes paraissent avoir été inconnues dans l'antiquité ; c'est pourquoi nous leur donnons les noms des cultivateurs, nos contemporains, qui les ont pratiquées avec le plus de succès.

SORTES.

I. Greffe (HUARD) *en ramille posée dans une entaille triangulaire faite aux dépens du tiers du diamètre de la tête du sujet.*

Synonymie. G. pour les orangers. MILLER, Dict. des Jard., t. 3, p. 554, col. première, alinéa 2.

G. à orangers, mode premier. Annales du Mus., t. 14, p. 87; pl. IX, fig. 1 et 2.

Opération. Couper la tête à un jeune sujet de huit mois à trois ans ; faire une entaille triangulaire, longue de deux à trois centimètres (9 à 14 lignes), sur l'un des côtés de la tige.

Choisir un rameau garni de ramilles, de feuilles, de boutons et de fruits naissants ; le tailler par le gros bout en pointe triangulaire, et lui faire remplir exactement l'entaille du sujet.

Placer celui-ci sur une couche tiède, couverte d'un châssis et ombragée pendant les premiers jours.

Usages. Propre à faire produire des fruits à des sujets dès la première année de leur naissance. (*Voyez g*, 2ᵉ sect., pl. 7, fig. 72.)

Elle peut être employée pour la multiplication d'arbres des zones chaudes à feuilles permanentes.

Cette greffe, dont le principe est si intéressant sous

le point de vue de la physiologie végétale, et les résultats si agréables pour nos belles, porte les noms de greffe à la Pontoise, du nom de la ville qu'habitait celui qui l'a fait connaître, et auquel nous la dédions, et de greffe à oranger, parce que c'est pour cet arbre et ses variétés qu'elle est principalement employée.

Lorsque l'opération est bien faite, et qu'on place les petits arbres qui en proviennent sur couche et sous châssis (je les suppose en pot), ils ne donnent aucun signe de malaise, leurs fleurs s'épanouissent, leurs fruits mûrissent comme ils l'eussent fait sur l'arbre dont la greffe a été enlevée.

Cette greffe donne une grande idée de la puissance de l'art sur la marche habituelle de la nature, puisqu'il faudrait quinze ou vingt ans d'attente, dans notre climat, pour obtenir les mêmes résultats par la voie ordinaire. Cependant il convient de répéter que ces arbres en miniature et si jolis ne vivent pas longtemps, soit à cause de la différence qui existe entre la densité de leurs parties ou le diamètre de leurs vaisseaux, soit, ce qui est plus probable, parce qu'on leur laisse porter des fruits qui les épuisent.

Nous sommes entré dans quelques détails sur cette greffe, qui ne diffère pas essentiellement de celle à laquelle nous avons donné le nom de Lée, parce qu'elle est en grande faveur aujourd'hui, et qu'elle le mérite.

Dénomination. En l'honneur de M. HUARD, cultivateur à Pontoise, qui le premier en France, vers 1775, fit voir à la Cour beaucoup d'orangers en miniature chargés de fruits obtenus par ce procédé ingénieux.

II. Greffe (VILMORIN) *en tête à une ramille taillée en double coin par sa base, pour être posée sur le sujet au moyen de deux entailles triangulaires.*

Opération. Former sur la coupe horizontale du sujet deux entailles triangulaires, l'une de chaque côté du centre de la tige; tailler la greffe en double coin, de manière qu'elle remplisse exactement ces deux entailles, et unir les parties. (*Voyez b*, 2ᵉ sect., pl. 6, fig. 60.)

Usages. Cette greffe a la même destination que la précédente. Elle est plus difficile, mais aussi plus solide.

Dénomination. En l'honneur de la famille ANDRIEUX VILMORIN, qui a rendu des services à l'agriculture, en répandant dans le commerce beaucoup de plantes utiles, et en faisant connaître leur culture.

III. Greffe (CAMUZET) *en tête, à une ramille, à coin et languettes, placée sur un sujet taillé en double coin.*

Opération. Elle ne diffère de la précédente que parce que le sujet est taillé en double coin, et la greffe, au contraire, opérée par deux entailles triangulaires, laissant subsister au milieu de la tige une languette plus longue de moitié que celle des côtés. (*Voyez* fig. 60 *bis*, pl. 1ʳᵉ.)

Usages. Les mêmes que ceux de la précédente. Cette greffe, très-solide, a l'avantage de ne laisser aucune trace sur l'individu opéré.

Dénomination. Nom de son inventeur, M. CAMUZET, premier garçon des carrés de la pépinière du Jardin des Plantes.

IV. Greffe (LECLERC) *en tête à une ramille, en con-servant une partie de son écorce pour l'insérer sous l'écorce du sujet.*

Opération. Tailler en coin la tige du sujet ; inciser l'écorce de chaque côté. (*Voyez c*, 2ᵉ sect., pl. 6, fig. 62.)

Former sur la greffe une incision triangulaire propre à recevoir le coin pratiqué sur le sujet *c* ; laisser deux lames d'écorce (*Voyez c'*), les faire glisser sur l'aubier de ce même sujet *c* et sous l'écorce incisée précédemment. Ligaturer solidement.

Usages. Peut-être trouvera-t-on cette greffe plus facile et plus sûre que la précédente. Elle peut être employée avec avantage pour des bois fort durs.

Dénomination. Nom de son inventeur.

V. Greffe (SALISBURY) *en tête à ramille d'un diamètre moins grand que celui du sujet.*

Synonymie. A new method of grafting. *Transactions of the horticultural society of London,* t. 1, p. 240.

Opération. Couper obliquement la tête du sujet ;

inciser l'écorce, comme on le voit, en *d*, 2e sect., pl. 6, fig. 59.

Choisir un jeune sauvageon *d'* d'un diamètre au moins moitié plus petit que celui du sujet ; le fendre inférieurement en deux parties égales, dont l'une sera amincie en bec d'oiseau pour être introduite sous l'écorce incisée du sujet *d*, et dont l'autre s'appliquera sur la coupe oblique de ce même sujet. (*Voyez d*, 2e sect., pl, 6, fig. 59.)

Usages. Elle est employée dans le Herefordshire pour les pommiers et les poiriers. Elle s'effectue rapidement et sans difficulté.

Dénomination. Du nom de son inventeur, RICHARD-ANTHONY SALISBURY, esq., membre de la Société horticulturale de Londres, et auteur de plusieurs mémoires relatifs au jardinage, qui se trouvent dans cet ouvrage.

VI. Greffe (RIEDLÉ) *en ramille posée en coin triangulaire sur le milieu de la tige du sujet.*

Synonymie. G. *à orangers, mode* 2e. Annales du Mus., t. 14, pl. 9, fig. 3.

G. *à orangers.* ÉT. CALV., Traité des Pépin., t. 2, p. 96 (exclure la figure qui représente la greffe Hervy.)

Opération. Faire une entaille triangulaire sur l'aire de la coupe du sujet, et laisser deux retraites sur les côtés.

Tailler le rameau en coin, en laissant deux rebords

à la naissance de la coupe, et unir les parties. (*Voyez* la greffe Ferrari, fig. 49, pl. 6.)

Usages. Même culture et même destination que la greffe Huard. Elle peut être employée pour des arbres fruitiers.

Dénomination. A la mémoire de RIEDLÉ, cultivateur attaché au Muséum. Il a enrichi cet établissement de beaucoup de végétaux étrangers rapportés des Antilles. Il est mort à l'île de Timor, victime de son zèle, pendant le voyage de découvertes commandé par le capitaine Baudin.

VII. Greffe (en ramille placée en flûte). *Manuel complet du Jardinier; par* L. NOISETTE, 2e *vol.,* 1re *part., p.* 99.

Opération. Inciser longitudinalement l'écorce d'un jeune sujet de 1 en 1 ; écarter cette écorce pour couper horizontalement le bois qu'elle recouvre ; enlever une lanière d'écorce d'égale dimension sur la greffe 2 ; unir les parties et ligaturer, pl. 1re, fig. 59 *bis.*

Usages. Recommandée par M. NOISETTE pour la multiplication prompte d'espèces délicates. Elle doit s'exécuter sur couche tiède.

VIII. Greffe (COLLIGNON) *en ramille avec languette et coin.*

Synonymie. G. *à orangers, mode* 3e. Annales du Mus., t. 14, p. 96, pl. 10, fig. 3, vulgairement G. *à talon ou pied de biche.*

Opération. Tailler en languette très-prolongée l'extrémité d'un rameau, et former une dent en forme de coin au commencement de l'entaille ; faire une hoche sur le bord de l'aire de la coupe du sujet ; enlever une lanière d'écorce de dimension égale à la languette du sujet et unir les parties. (*Voyez*, pour l'opération, la greffe Miller, fig. 57, pl. 6.)

Usages. Cette greffe est employée comme les deux précédentes, mais sur de plus petits sujets. On s'en sert particulièrement pour multiplier les houx, les lauriers, les myrtes, etc.

Dénomination. A la mémoire de COLLIGNON , élève jardinier du Muséum, chargé de répandre dans les îles de la mer du Sud des graines de végétaux utiles à leurs habitants, pendant le voyage de l'infortuné La Peyrouse dont il partagea le malheureux sort.

IX. Greffe (RICHÉ) *en ramille avec languette, coin et entaille.*

Synonymie. G. *à orangers*, *mode* 4e. Annales du Mus., t. 14, p. 98, pl. 10, fig. 5. G. *vulgairement dite à la Daphné*.

Opération. Celle-ci ne se distingue de la précédente qu'en ce que l'extrémité supérieure de la coupe du rameau est reçue dans une entaille qui a été pratiquée sur le sujet à la partie supérieure de sa plaie longitudinale. *Voyez* pl. 6, fig. 69.

Usages. Elle est plus particulièrement employée pour les rameaux minces, fluets, herbacés, tels que les *daphne pontica, odora, tartonraira, gnidium, cneo-rum,* etc.

Si l'on greffe des rameaux florifères, ils produisent leurs fleurs aussi promptement que s'ils n'avaient pas changé de place.

Dénomination. En l'honneur de M. Riché, attaché à la culture de la serre Buffon, au Muséum. Ce cultivateur qui se distingue par son zèle et son intelligence pour la multiplication des végétaux étrangers, est l'inventeur de cette greffe.

X. Greffe (Varin) *en ramille posée entre l'aubier et l'écorce, au moyen d'une incision, comme pour une greffe en couronne.*

Vulgairement, G. *à la Varin.*

Opération. Former une hoche triangulaire sur la coupe horizontale du sujet dont on fend l'écorce sur l'un des côtés ; tailler le rameau de la greffe en bec de flûte avec une entaille à la naissance de la partie supérieure, et l'insérer dans la fente du sujet. (*Voyez i,* 2º sect., pl. 6, fig. 64.)

Usages. Propre à la multiplication de végétaux étrangers dont les yeux ne sont pas recouverts d'écailles, et à celle d'autres arbres à bois dur.

Dénomination. A la mémoire de feu M. Varin, jardinier en chef du jardin de l'Académie de Rouen, et cultivateur distingué, qui inventa cette greffe en 1786.

IVe SÉRIE.

GREFFES DE CÔTÉ.

Ce qui distingue essentiellement les greffes de cette série de celles des précédentes, c'est que leur pose ou placement n'exige pas l'amputation de la tête des sujets, et qu'elles s'effectuent sur les côtés de la tige des arbres.

Elles s'exécutent avec assez de facilité, exigent le même appareil, mais sont en général d'une réussite moins sûre que les autres.

C'est presque uniquement à l'époque de la première sève montante, avant le développement des bourgeons, qu'il convient de les faire.

Toutes, excepté une qui était pratiquée dans l'antiquité, sont d'invention moderne. Nous leur avons donné les noms de leurs auteurs, ou de cultivateurs distingués, leurs contemporains.

SORTES.

I. Greffe (RICHARD) *de côté, insérée sur la tige d'un arbre, dans une incision en T, pratiquée dans son écorce.*

Synonymie. G. *en couronne,* 3e *sorte.* DUHAM., Phys. des Arbres, t. 2, p. 70, alin. 3, pl. 12, fig. 99 et 99*.
Var. a. G. *du pasteur Christ.* Manuel de la Cult. des fruits, t. 1, chap. 4, p. 127.

G. *entre l'écorce et le bois*, 3ᵉ *sorte*. SICKLER, Jard.
allem., t. 3, p. 32, pl. 4, fig. 6, 7, 8, 9 et 10.

Opération. Couper en biseau prolongé la base du
rameau, de la ramille ou du bourgeon destiné à former
la greffe.

Faire à l'écorce du sujet une incision en forme de T,
et introduire la greffe. (*Voyez*, *k* 2ᵉ sect. pl. 6, fig.
68.)

Une variété de cette greffe s'opère en enlevant au
sujet une petite portion circulaire d'écorce lau-dessus
de la barre du T.

Usages. Propre à remplacer des branches qui manquent, sur des arbres dont l'écorce trop boiseuse ne
permet pas de greffer en écusson.

On peut s'en servir aussi pour les arbres résineux.

Dénomination. A la mémoire honorable de CLAUDE
RICHARD, jardinier en chef, et fondateur du jardin de
botanique de Trianon. Il était un des plus habiles cultivateurs du dix-huitième siècle.

II. Greffe (TÉRENCE) *de côté, placée en manière de*
cheville, dans la tige du sujet.

Synonymie. G. *de l'olivier*. COLUM., livr. 5, p. 276,
lig. 18.

Var. *a*. G. *à rebours*. AGRICOLA; Agr., parf., part.
1ʳᵉ, p. 175, alin. 2, pl. 8, fig. 5, 6 et 7.

Opération. Amincir en manière de cheville l'extrémité inférieure d'une petite branche, d'un rameau ou
d'une ramille, et trancher sa cime. (*Voyez l*, 2ᵉ sect.
pl. 7, fig. 70.)

Faire un trou avec un vilebrequin dans une tige d'arbre et y placer la greffe, les yeux dans une position naturelle pour la sorte, et en sens contraire pour une variété très-peu employée.

Usages. Propre au même usage, et plus solide que la précédente. Les anciens Romains l'employaient pour greffer les bonnes espèces d'olivier et de vigne.

Dénomination. A la mémoire de TÉRENCE, agronome de l'antiquité, qui en recommande l'usage.

III. Greffe (ROGER SCHABOL) *de côté, à scion aminci en forme de spatule et inséré dans la tige du sujet.*

Synonymie. G. anonyme: ROGER SCHABOL. Prat. du Jard., édit. 1782, t. 1, p. 78.

Opération. Amincir en manière de bec de flûte l'extrémité d'un rameau (*m*, pl. 7, fig. 71); faire une entaille dans la tige d'un sujet *m* et y placer la greffe comme un tenon dans sa mortaise.

Usages. Propre à remplacer des branches sur de vieux arbres, mais d'une pratique difficile et peu sûre.

On ne distingue la greffe Roger-Schabol de la précédente que parce que le rameau destiné à former la greffe est aplati en bec de flûte, et que le trou est une entaille faite d'un seul coup au moyen d'un ciseau de menuisier et d'un marteau.

Dénomination. A la mémoire de ROGER-SCHABOL, qui est l'inventeur de cette greffe et l'auteur d'ouvrages estimables sur la théorie et la pratique de la culture des jardins.

IV. *Greffe en fente au milieu du bois*. Manuel complet du Jardinier, par L. Noisette, 2e vol., 1re partie, p. 64.

Opération. Faire sur du bois gros et bien aoûté de l'année précédente, une incision longitudinale qui le partage en deux dans toute son épaisseur et entre deux nœuds ; tailler la greffe en lame de couteau très-plate, finissant en pointe aiguë à ses deux extrémités, s'épaississant vers son milieu, où l'œil se trouve placé, et muni de son écorce sur ses deux côtés ; introduire la greffe entre les lèvres du sujet ; faire coïncider les couches corticales et ligaturer solidement. Pl. 1re, fig. 71 *bis*.

Usages. Employée souvent par les cultivateurs des environs de Paris, pour multiplier les variétés précieuses de vignes.

V. Greffe (GREW) *de côté, au moyen d'un plançon enterré par sa base et inséré dans la tige d'un arbre par son autre extrémité.*

Synonymie. G. *sans nom*. DUHAM., Phys. des Arb., t. 2, p. 79, alin. 2, lig. 7, pl. XII, fig. 113, *laquelle est commune avec la greffe Monceau.*

Opération. Choisir une branche n, fig. 74, pl. 7, d'un à deux mètres (3 à 6 pieds) de long ; la tailler en pointe triangulaire par son gros bout, et la couper en bec de flûte par son autre extrémité ; enfoncer cette branche en terre par sa pointe triangulaire au pied d'un gros arbre.

Faire à l'écorce de celui-ci une entaille en forme de

, qui puisse recevoir la tête du plançon. On opère aussi cette greffe en formant sur l'arbre et le rameau des entailles semblables à celles que l'on a pratiquées pour la greffe Roger-Schabol.

Usages. Pour multiplier des arbres qui n'ont pas de congénères sur lesquels on puisse les greffer, et pour donner une nouvelle démonstration sur la descente de la sève dans les racines.

En effet, par cette greffe, de même que par la suivante, on parvient à faire pousser des racines aux rameaux greffés.

Dénomination. A la mémoire honorable de GREW, auteur anglais, qui a laissé de bons ouvrages sur la physique végétale, laquelle est une des bases les plus solides de la science agricole.

VI. Greffe (PEPIN) *de côté, au moyen d'un rameau planté en terre par sa base, et inséré dans la tige d'un arbre vers son autre extrémité.*

Synonymie. G. *par approche de bouture.* DUHAM., Traité des Arb. fruit., t. 1, p. 64, alin. 4, pl. II, fig. 10, lettre *y* de l'édit. in-8°.

Opération. Planter une bouture au pied d'un sauvageon, la greffer par approche aux trois quarts de sa hauteur sur le sujet et la rogner à trois yeux au-dessus de son union.

En remplaçant l'arbre *n* par un sauvageon, la greffe *o*, fig. 75, pl. 7, peut donner l'idée de la greffe Pepin.

Usages. Propre à fournir d'une seule opération un individu franc de pied, et un autre de même espèce greffé sur sauvageon.

La pratique de la greffe Pepin, qu'on appelle auss
greffe bouture, a l'avantage de procurer, par une seul
opération deux individus d'une même espèce; cepen
dant elle est très-peu usitée.

Dénomination. A la mémoire de PEPIN, cultivateu
d'arbres fruitiers à Montreuil, près Paris, et l'un de
hommes qui ont le plus contribué au perfectionnemen
de la taille des arbres en espalier.

VII. Greffe (GIRARDIN) *de côté, au moyen de rameau portant des boutons à fleurs tout formés.*

Opération. Choisir de jeunes branches à fruits *p*
(2e sect., pl. 7, fig. 73), les séparer des arbres s
lesquels elles se trouvent, et les placer en des incision
pratiquées en forme de T sur des sauvageons. (*Voye*
p, même figure.)

Usages. Pour contraindre de très-jeunes arbres
donner des fruits, et pour les rendre propres à fructi
fier pendant longtemps.

Les avantages de la greffe Girardin se sont jusqu'
présent bornés à des expériences de physique végé
tale; mais on pourra probablement lui trouver un jou
des applications utiles dans le jardinage. Elle paraî
propre à mettre à fruit des sujets dans la vigueur de
l'âge, dont la sève trop abondante et trop rapide dans
son cours ne s'arrête à aucun endroit pour y développer
des boutons. En donnant des fruits à nourrir à cette
sève, on calmerait sa vigueur, puisque, comme on sait,
ils en consomment beaucoup. Cette prévision s'est réa-

isée : M. Luyset, pépiniériste à Ecully, près Lyon,
ait depuis 1849 un usage très-fréquent de cette greffe
modifiée, pour mettre à fruits des arbres encore impro-
ductifs. Il greffe d'août en septembre.

Dénomination. A la mémoire de la famille GIRARDIN,
qui, l'une des premières, s'est occupée de la culture
des arbres fruitiers, à Montreuil, près Paris, et a posé
les bases de la taille qu'on y pratique depuis avec tant
de succès.

<h2 style="text-align:center">Ve SÉRIE.</h2>

GREFFES PAR RACINES ET SUR RACINES.

Le caractère distinctif des greffes de cette série est
facile à saisir : ou ce sont des rameaux greffés sur des
racines laissées à leur place, ou ce sont des racines séparées de leurs souches, qui sont greffées sur des tiges
et des branches, ou enfin ce sont des racines d'arbres
différents greffées entre elles. C'est l'union des parties
aériennes et souterraines des végétaux.

Elles ont pour but de fournir à des parties isolées les
principaux organes qui leur manquent, c'est-à-dire
aux unes des bourgeons et aux autres des racines, à
l'effet d'en faire des êtres complets.

Ces greffes, d'un usage assez rare dans la culture
habituelle des végétaux, pourraient y être employées
plus fréquemment pour la multiplication de plusieurs
espèces ; mais en attendant, elles offrent aux physiologistes des faits intéressants qui peuvent éclairer la
physique végétale.

D'un autre côté, fournissant les moyens de compo
ser des êtres de parties rapportées, et pour ainsi dir
de pièces et de morceaux, comme par exemple les ra
cines d'une espèce, la tige d'une autre, les branch
d'une troisième et instantanément, cela suffit bien pou
exciter la curiosité des amateurs de culture.

Elles s'effectuent plus sûrement dans les premier
moments de la sève printanière qu'en toute autre saison. On les opère comme les greffes en fente, et leu
appareil est le même.

Il ne paraît pas qu'elles aient été connues dans l'antiquité, et le premier auteur qui en parle, est Agricola
qui vivait au commencement du 17.e siècle.

SORTES.

I. Greffe (HALL) *de rameau placé sur le petit bou*
d'une racine tenant à son arbre.

Synonymie. G. *sur racine.* AGRICOLA, Agric. parf
part. 1re, p. 244, part. 2, pages 17, 19, 23, 29 et 98.

G. *sur racines.* CAB., Princ. de la Gr., p. 50, pl. 1
fig. 10. (Il faut en exclure le discours qui a rapport
la greffe Saussure.)

Opération. Relever de terre une racine par son peti
bout, la fendre par son diamètre.

Couper sur le même arbre, ou sur un arbre d'un
autre espèce, de jeunes rameaux de l'avant-dernière
sève (*Voyez a,* fig. 76, pl. 7); les tailler, par leur extrémité inférieure, en lame de couteau, les insérer dans
les fentes de la racine et recouvrir celle-ci de terre.

Usages. Propre à la multiplication d'arbres rares qui 'ont point d'analogues, et qui se refusent aux autres oyens de multiplication.

Elle confirme l'existence d'une sève descendante, car 'e n'est qu'à la sève d'août que cette greffe commence pousser lorsqu'elle a été faite au printemps.

Dénomination. A la mémoire de HALL, physicien nglais, qui a publié, dans le milieu du siècle dernier, lusieurs ouvrages utiles aux progrès de l'agriculture.

⌐. Greffe (SAUSSURE) *de rameaux posés sur le gros bout de racines séparées de leurs arbres et laissées en place.*

Synonymie. G. *en fente, en couronne, sur racines.* DHAM., Phys. des Arb., t. 2, p. 85, lig. 8.

Opération. Couper des racines près leur souche ; es relever un centimètre (5 lignes) au-dessus de terre, et les fendre par leur diamètre en deux ou quatre parties.

Tailler les greffes par leur base en lame de couteau, es insérer dans les fentes des racines, et les luter.

On opère aussi cette greffe en taillant la tige en coin, et en faisant sur la racine une entaille triangulaire. (*Voyez b,* fig. 77, pl. 7.)

Usages. Propre aux mêmes usages que la précédente, mais plus sûre et plus expéditive pour la multiplication.

Utile pour démontrer l'influence du développement des gemma sur l'ascension de la sève des racines dans les bourgeons.

Qui a vu les suites de la greffe Saussure ne peut nier l
grande utilité qu'on en peut retirer dans les pépinières
Ses produits arrivent souvent à plus d'un mètre (3 pieds
de hauteur avant la fin de la première pousse. On l
pratique peu.

Dénomination. A la mémoire honorable d'un savan
très-distingué, citoyen de Genève, mort à la fin du siècl
dernier, et qui a publié un grand nombre d'ouvrage
utiles aux progrès des sciences et de l'économie rurale

III. Greffe (GUETTARD) *de rameaux sur le collet de la racine d'arbres laissés en place.*

Synonymie. G. *sur racines d'arbres congénères et disgénères.* AGRICOLA, Agr. parf., part. 1re, p. 249, 251, 252, pl. XVI, fig. 1, 2, 3, 4 et 5.

Opération. Couper au collet de leurs racines des tiges d'arbres ; les fendre en deux ou en un plus grand nombre de parties, ou se contenter de faire des incisions à l'écorce comme pour les greffes en couronne.

Tailler en lame de couteau ou en biseau les rameaux à greffer, les insérer dans les entailles pratiquées sur les sujets et les luter.

Usages. Pour utiliser des sujets dont les tiges ne sont pas susceptibles de recevoir des greffes, et pour se procurer des arbres d'une belle venue.

Celle-ci est généralement en usage dans certaines pépinières, pour greffer les robiniers rares sur le robinier commun. Elle manque bien plus rarement que celle faite hors de terre.

Dénomination. A la mémoire honorable de GUET-TARD, médecin-naturaliste distingué. Les sciences lui sont redevables de divers ouvrages utiles aux progrès de la physique végétale.

IV. Greffe (CELS) *de rameaux sur des racines séparées de leurs arbres et transplantées ailleurs.*

Synonymie. G. *sur racines séparées.* AGRICOLA, Agric., parf., part. 1re, p. 260, alin. 5, pl. 16, fig. 6; et part. 2e, p. 50, pl. 20, fig. G, H, I et K.

Opération. Arracher des racines, les séparer de leurs souches, les enter par le procédé de la greffe Miller, et les planter ensuite en les enterrant jusqu'à l'avant-dernier œil du rameau de la greffe.

Usages. Moyen facile pour multiplier des arbres qui n'ont pas de congénères, pour propager plus sûrement et plus abondamment les autres, et fournir une nouvelle preuve de la propriété qu'ont les bourgeons d'activer la sève montante.

Ce n'est que depuis peu d'années qu'on pratique la greffe Cels, et les résultats qu'on en a obtenus doivent faire désirer que son usage s'étende. Combien d'arbres importants et qui sont encore rares seraient aujourd'hui plus communs si on l'avait connue plus tôt! Elle assure, presque sans augmentation d'embarras, la reprise des arbres qu'on ne peut multiplier que par racines.

Dénomination. A la mémoire de JACQUES-MARTIN CELS, cultivateur distingué par ses connaissances aussi étendues en botanique que profondes dans la théorie et la culture des végétaux étrangers.

V. Greffe (Bourgdorff) *de racines d'arbres sous le collet des racines d'autres arbres.*

Opération. Déchausser un arbre au-dessous du collet de sa racine. (*Voyez c*, 3ᵉ sect., pl. 7, fig. 78.) Entailler cette racine à une place saine, jusque vers le milieu de son diamètre.

Choisir sur un arbre congénère une racine garnie de son chevelu; la séparer, la tailler par son gros bout de manière à remplir l'entaille faite au sujet, et l'y ajuster exactement. (*Voyez c'.*)

Usages. On n'a pas encore admis la greffe Bourgdorff dans la pratique habituelle; mais il des cas où elle pourrait être employée, tel que celui où on voudrait conserver un arbre précieux renversé par les vents et qui aurait perdu une partie de ses racines par suite de cet événement, ou encore un végétal dont l'écorce des racines aurait été mangée par la larve du hanneton (ver blanc).

Dénomination. En l'honneur de M. F.-A.-L. de Bourgdorff, conseiller des forêts du roi de Prusse, savant très-distingué dans l'administration et la culture des forêts.

VI. Greffe (Chomel) *en fente d'une racine sur celle d'un autre arbre tenant à sa souche.*

Synonymie. G. *de racines sur une autre.* Duham., Phys. des Arb., t. 2, p. 85, lign. 4.

Opération. Lever de terre par son extrémité la racine

d'un arbre, la couper transversalement à une place où elle ait la grosseur d'une plume, et la fendre par son diamètre.

Prendre sur un sauvageon une racine, la tailler en coin par son gros bout, et l'insérer dans la fente de la racine du sujet. (*Voyez*, pour l'opération, la greffe Dumont, *a*, fig, 61, pl. 6.)

Usages. Même usage que la précédente, mais pour de plus jeunes individus d'arbres étrangers et rares.

Dénomination. A la mémoire du vénérable NOEL CHOMEL, auteur du *Dictionnaire d'Économie rurale et domestique*, qu'il a publié en 1709, âgé de 76 ans, après avoir travaillé la plus grande partie de sa vie à composer cet ouvrage utile.

VII. Greffe (PALISSY) *de racines sur des branches tenant à leurs arbres.*

Synonymie. G. *de racines sur la tige et les branches.* AGRICOLA, Agric., parf. part. 1re, p. 217 et 219, alin. 3 ; plus, p. 239, pl. 12, fig. 1, let. *a* jusqu'à *o.*

Opération. Couper des racines du troisième et du quatrième ordre sur un individu ; les amincir en languette par le gros bout, et les planter dans un vase avec de la terre riche en humus. (*Voyez d'*, pl. 7, fig. 79.)

Faire des incisions en coulisse à l'écorce des rameaux dont on veut obtenir des arbres complets, y insérer les racines par le bout opéré, et entretenir la terre des vases dans lesquels elles sont plantées, légèrement humide.

Usages. Plus curieuse qu'utile à la multiplication en grand. Elle peut servir à propager des espèces rares qui reprennent difficilement par la voie des marcottes et des boutures.

Il est beaucoup de greffes plus faciles à exécuter et d'un succès plus assuré que celle à laquelle nous donnons le nom de Palissy; cependant il est des cas rares où l'on pourrait en faire usage d'une manière utile.

Dénomination. A la mémoire respectable de BERNARD DE PALISSY, philosophe pratique, qui le premier en France a donné un Cours public d'histoire naturelle, dans lequel il traitait de différentes branches de l'agriculture.

VIII. Greffe (MUZAT) *de racine sur une bouture qui elle-même porte une greffe en fente.*

Synonymie. Bouture greffée par les deux bouts. CABAN., Princ. de la Greffe, p. 105, alin. 2.

Vulgairement, G. *de trois pièces.*

Opération. 1° Choisir une racine bien vive, d'une longue existence; la tailler en coin par son gros bout. (*Voyez* 1, fig. 80, pl. 7.)

2° Prendre sur une espèce congénère un rameau; l'échancrer triangulairement par sa base, de manière à y insérer le coin de la racine, et le fendre à son autre extrémité par son diamètre. (*Voyez* 2, même figure.)

3° Faire choix d'une ramille sur un arbre d'une même famille; l'amincir en biseau très-prononcé par sa base, et l'ajuster exactement dans la fente du rameau. (*Voyez* 3, même figure.)

4° Enfin, planter le nouvel être dans un vase, et favoriser sa croissance par une douce chaleur souterraine, en le défendant du hâle et de la trop vive lumière.

Usages. Peu utile à la multiplication des végétaux; mais très-curieuse sous le rapport de la physique végétale.

La greffe Muzat, comme la greffe Cels, prouve l'influence qu'a le développement des bourgeons sur l'ascension de la sève des racines et leur mise en activité. Elle peut être utilement employée pour assurer la reprise des boutures d'espèces d'arbres rares dont l'écorce manque de glandes corticales, et qui par cette raison se multiplient difficilement par cette voie.

Dénomination. En l'honneur de M. MUZAT, son inventeur, élève de Cabanis; il s'est utilement occupé de la culture des arbres fruitiers et de leur multiplication.

SECTION III.

GREFFES PAR GEMMA.

Dans cette section sont comprises les greffes en écusson, celles en flûte, en sifflet, en chalumeau, en tuyau, en flûteau, en cornuchet, en anneau et par juxtaposition.

Leur caractère essentiel peut être ainsi exprimé: *œil, bouton ou gemma porté sur une plaque d'écorce plus ou moins grande et de différentes formes, trans-*

porté d'une place à une autre sur le même sujet ou sur d'autres individus.

Elles ont pour objet de multiplier des végétaux ligneux qui n'ont pas la faculté de se propager sûrement, avec leurs qualités, par le moyen des semences ; de transformer en espèces rares ou plus agréables et plus utiles, des espèces plus communes et de mérite inférieur, d'avancer de plusieurs années la jouissance des cultivateurs ; de naturaliser plus sûrement des végétaux étrangers, et de perfectionner la saveur des fruits dans beaucoup d'espèces.

Cette série de greffes est la plus employée dans la multiplication en grand des arbres fruitiers. C'est presque la seule dont on fasse usage dans les grandes pépinières des environs de Paris, parce qu'elle est la plus expéditive, et n'exige pas toujours la mutilation du sujet ; c'est-à-dire que lorsqu'elle manque, on ne perd que du temps, pouvant être tentée de nouveau l'année suivante.

Cette section des greffes pourrait être comparée aux semis dans la multiplication des végétaux.

Je divise la greffe par gemma en deux séries : la première comprend les greffes qu'on appelle proprement en écusson et dans lesquelles il n'y a qu'un bouton ou un groupe de boutons.

La seconde réunit toutes celles qui ont été nommées en anneau, en flûte, et dans lesquelles on peut faire usage d'un plus ou moins grand nombre de boutons écartés.

Tableau des Greffes qui composent la section troisième des Greffes, ou celle des Greffes par gemma.

CARACTÈRE ESSENTIEL. — OEil, bouton ou gemma portés sur une plaque d'écorce, et transportés dans une autre place ou sur un autre individu.

Iʳᵉ SÉRIE.

GREFFES EN ÉCUSSON.

On donne le nom d'écusson à une plaque d'écorce où se trouve un bouton ou gemma. Ce nom lui vient de sa figure, qui a quelque ressemblance avec celle d'un écusson d'armoirie. Cette greffe est plus particulièrement affectée aux jeunes plants de sauvageon, de l'âge d'un an jusqu'à cinq et plus, lorsqu'ils ont l'écorce saine, tendre et lisse.

L'instrument dont on se sert pour effectuer les greffes par gemma, se nomme greffoir ; c'est un petit couteau dont la lame est très-acérée et la pointe un peu recourbée en arrière. A l'extrémité du manche se trouve une petite languette d'ivoire, aplatie et arrondie, destinée à entr'ouvrir et à soulever l'écorce que la lame a incisée. Il est de première importance que cet instrument soit toujours dans le meilleur état possible ; car s'il ne coupe pas nettement l'écorce, s'il offre quelque brèche qui éraille cette écorce, on risque de voir manquer les greffes. Il ne faut jamais regarder au prix pour en avoir un bon.

Les époques auxquelles on pratique la greffe par

gemma, sont : au printemps, lors de l'ascension de la première sève, et surtout à l'époque de la seconde sève, vers le mois d'août. On choisit sur les arbres qu'on veut multiplier par cette sorte de greffe, des rameaux de la dernière pousse, munis d'yeux bien formés ; s'ils ne l'étaient pas, on pincerait l'extrémité de ces rameaux pour arrêter la sève, la forcer de se porter sur ces yeux, et on retarderait de les couper jusqu'à ce qu'ils fussent formés, que le bois fût bien aoûté. Lorsqu'on coupe ces branches en été, il faut sur-le-champ supprimer les feuilles, ou la plus grande partie de chaque feuille, sans endommager le pétiole, afin que l'évaporation qui a lieu par leurs pores, n'exclue pas la sève de la branche. Si on arrachait les feuilles, on tomberait dans un autre inconvénient, c'est-à-dire que le bouton souffrirait une déperdition de sève telle qu'il serait dans le cas de se dessécher. En outre, le reste de la feuille sert à tenir l'écusson et à le placer commodément dans l'incision lorsqu'il s'agit de l'employer. Ces rameaux ainsi dépouillés de leurs feuilles sont enveloppés d'herbes fraîches et d'un linge mouillé, si les greffes ne doivent être posées qu'au bout d'un jour ou deux. Mais si on devait les envoyer fort loin, il faudrait les enduire de miel, même les noyer dans du miel, substance qu'on peut toujours enlever avec de l'eau, et où elles peuvent se conserver fraîches peut-être un mois. Si on a beaucoup de greffes à faire dans le cours de la même journée, on met tous les rameaux coupés dans un vase plein d'eau et à l'ombre ; on ne les tire du vase que les uns après les autres, et lorsqu'on a épuisé tous les écussons que chacun peut fournir.

L'incision destinée à recevoir les écussons doit avoir la forme d'un T. Pour cela on coupe l'écorce du sujet jusqu'à l'aubier ; on écarte ensuite, par le haut, au moyen de la spatule du greffoir, les deux lèvres de l'écorce, et elle se trouve préparée pour recevoir l'écusson. Celui-ci est levé avec la lame du greffoir, inséré dans l'incision, et les lèvres de l'écorce rapprochées de manière que les parties se joignent et ne laissent aucun vide. On les ligature, et l'opération est terminée.

Quelques semaines après, si on s'aperçoit que les ligatures donnent lieu à la formation de bourrelets ou d'étranglements, il est utile de les ôter pour les rétablir de suite en les serrant moins ; ces greffes s'unissent au sujet dans l'espace de peu de jours, et plus ou moins promptement, à raison de la saison, du but qu'on se propose et des diverses sortes.

Dans les grandes pépinières où beaucoup de greffes de la même sorte doivent êtres faites, on divise le travail pour qu'il aille plus vite, c'est-à-dire qu'un ouvrier prépare le sujet en coupant les bourgeons ou les branches qui géneraient l'opération ou qui nuiraient à la greffe ; un second fait la fente ; un troisième, c'est le plus habile, lève l'écusson et le place ; un quatrième effectue la ligature. Par ce moyen quatre hommes exercés et actifs peuvent poser vingt à trente mille écussons en une journée.

En général, il est bon de faire l'ébourgeonnement deux à trois jours d'avance, parce qu'il est toujours suivi d'une suspension momentanée de la sève.

Il n'est point du tout indifférent de se servir de telle

ou telle matière pour faire les ligatures. Comme on ne peut pratiquer avec succès la greffe en écusson que sur de jeunes sujets dont la croissance est rapide, si on faisait usage de liens qui ne se prêtassent pas à cette croissance, il y aurait formation d'un BOURRELET (1) et ensuite ÉTRANGLEMENT et MORT DE L'ŒIL. Ainsi, les fils de lin et de chanvre, les lanières d'écorce d'arbres, qui, ainsi que je l'ai dit plus haut, conviennent peu pour les greffes en fente, ne valent absolument rien ici. Les joncs, les feuilles de massettes, de rubaniers et autres plantes qui cèdent facilement ou pourrissent rapidement, leur sont de beaucoup préférables. Mais la substance qu'on emploie généralement, est la laine grossièrement filée, parce qu'elle remplit assez bien la condition désirée, qu'elle se conserve longtemps quoique exposée à l'air, qu'elle n'est pas très-coûteuse, et qu'on peut s'en procurer facilement autant que le besoin l'exige. Cependant certaines années et sur certaines espèces, sur certains pieds, elle ne s'étire pas encore assez et on est obligé de la desserrer une ou deux fois avant de l'ôter tout-à-fait. M. Dupont, si connu par sa nombreuse collection de rosiers, arbuste sur lequel les inconvénients des ligatures de laine se font beaucoup sentir, avait imaginé de leur substituer des lanières de plomb, peintes en blanc, d'autant plus épaisses que la branche était plus grosse, lanières avec le milieu desquelles il entourait la fente de la greffe au-des-

(1) Voyez ces mots : *Nouveau Cours d'Agriculture* du XIX⁰ siècle, 16 vol. in-8⁰. Prix : 56 fr., à la *Librairie Encyclopédique de Roret*, rue Hautefeuille, 12.

sous de l'œil, et aux deux des extrémités réunies desquelles il donnait un demi-tour de torsion. A mesure que la branche grossissait, cette torsion diminuait, et souvent la lanière tombait au moment même où elle n'était plus nécessaire.

Soit qu'on greffe au printemps à écusson à œil poussant, soit qu'on greffe en automne à écusson à œil dormant, il faut toujours couper, avant le développement des bourgeons, la tête au sujet.

Il est quelques variantes sur la manière de faire cette opération.

Les uns coupent la tête à quelques lignes au-dessus de l'œil, et fondent cette pratique sur ce que le bourrelet est moins saillant et que la tige devient plus droite sur son tronc; ce qui est vrai.

Les autres coupent la tige du sujet à 10 à 13 centim. (4 à 5 pouces) au-dessus de l'écusson, et donnent pour motif que cette extrémité leur sert de tuteur pour attacher le jeune bourgeon produit par l'œil de la greffe, et l'empêcher d'être décollé par le vent. Ce motif mérite en effet d'être pris en considération.

Ainsi chacun de ces opérateurs a de bonnes raisons pour suivre la méthode qu'il a adoptée.

Dans ce dernier cas le chicot est coupé, comme dans les premiers, à la fin de l'hiver suivant.

Les soins qu'exigent les greffes en écusson lorsque la sève commence à se mouvoir dans le sujet qui les porte, diffèrent peu de ceux que l'on doit prendre des greffes en fente. On laisse d'abord pousser tous les bourgeons qui se sont développés sur le sujet, mais environ quinze jours après, plus ou moins, suivant la vigueur de l'arbre, on les supprime, à l'exception d'un ou deux de ceux qui sont au-dessus de la greffe. On a été conduit à réserver ceux-ci par l'observation que la greffe périssait souvent à la suite de leur enlèvement, parce qu'ils attirent la sève, que la faiblesse du bourgeon de la greffe ne permet pas à cette dernière d'attirer aussi bien. On les supprime au milieu de l'été lorsqu'on juge que la greffe est assez forte pour se passer de leur secours. Cet ébourgeonnement se répète en automne si besoin est.

Quelquefois l'œil de la greffe ne pousse qu'à la seconde sève, *boude*, comme disent les jardiniers. D'autres fois, mais rarement, il boude une, deux, trois et un plus grand nombres d'années consécutives. Il n'est pas toujours facile de remédier à cet inconvénient ; le mieux est de patienter.

Il est des greffes dont les boutons se dessèchent avant de s'épanouir, et dont l'écorce reste cependant verte. Quelquefois elles poussent à la sève suivante, ou l'année suivante, un nouveau bouton. Il faut encore attendre dans ce cas.

Certains arbres, lorsqu'ils sont jeunes et placés dans un sol trop fertile, ont une telle surabondance de sève, qu'en s'extravasant par la blessure de la greffe, elle forme autour d'elle un bourrelet. Dans ce cas le bouton périt souvent. On dit alors que la greffe est *noyée*. Pour prévenir ce grave inconvénient, on est souvent obligé d'attendre pour greffer que la sève se soit ralentie. Il en est de même dans la greffe des arbres gommeux et des arbres résineux.

SORTES.

I. Greffe (TILLET) *d'une plaque d'écorce sans yeux.*

Synonymie. G. d'écorce d'un sujet sur un autre. DUHAM., Phys. des Arb., t. 2, p. 72, alin. 4.

Opération. Tailler, sur un arbre inutile, une plaque d'écorce *f* pl. 7, fig. 81 bis, de dimension égale à celle d'un individu précieux, dont l'écorce de la tige a été enlevée par quelque accident.

Donner une forme régulière à la plaie de l'arbre utile *f*, fig. 81, pl. 7, et couvrir exactement cette plaie par l'écorce prise sur le sauvageon.

Usages. Propres à prévenir les accidents occasionés par les lésions faites fortuitement à l'écorce, et pour faire porter aux arbres des signes qui rappellent des souvenirs agréables ou chronologiques.

On peut utilement pratiquer la greffe Tillet pour faire disparaître les blessures faites à un arbre d'alignement et dont l'aspect est désagréable aux promeneurs. Les arbres susceptibles de la recevoir sont principalement ceux qui, comme le hêtre, le charme, le frêne, le châtaignier, ont l'écorce lisse et durable.

Dénomination. A la mémoire de TILLET, physicien, qui s'est occupé longtemps des maladies des végétaux et des moyens de les guérir.

II. Greffe (XÉNOPHON) *d'une plaque d'écorce ovale, munie d'un œil.*

Synonymie. G. d'un morceau d'écorce pourvu d'un

œil, dans une excavation de même largeur. Nouv. Cours d'Agr., t. 6, p. 524, nº 2.

G. par inoculation, ou ente en pièce rapportée. OLIV. DE SERRES, t. 2, p. 370, col. 1re, alinéa 1er.

Opération. Cerner avec la pointe du greffoir un œil ou bouton dans toute sa circonférence, et le lever de sa place en conservant son corculum. (*Voyez h'*, 3e section, pl. 7, fig. 84.)

Faire à la place où l'on veut poser l'œil enlevé une pareille plaie *h*, et la couvrir exactement par ce dernier.

Usages. Pour transporter des boutons à fleurs d'une place où ils sont très-abondants, sur un arbre et à une place qui en sont dépourvus.

Pour multiplier des arbres très-rares, sur lesquels on ne pourrait lever des écussons sans compromettre leur existence.

L'objet de la greffe Xénophon est de placer un bouton poussant, soit à fleur, soit à bois, sur une autre partie du même arbre. Elle reprend assez facilement lorsqu'on ne l'a pas éborgnée et que la plaie a été exactement lutée avec un emplâtre de cire et de térébenthine.

Dénomination. A la mémoire de XÉNOPHON, citoyen d'Athènes, qui a composé, sur les labours et sur différentes branches de l'économie rurale et domestique, des ouvrages dans l'un desquels il parle de cette greffe.

III. Greffe (Risso) *de deux demi-plaques d'écorce portant chacune demi-bourgeon.*

Opération. Enlever au sujet une plaque d'écorce carrée.

Enlever sur deux arbres différents deux plaques d'écorce munies chacune de la moitié d'un bourgeon (*Voyez j*, 3⁰ sect., pl. 7, fig. 99), et qui, réunies l'une à côté de l'autre, puissent couvrir exactement la plaie du sujet. Faire en sorte que chaque demi-bourgeon s'unisse à l'autre de manière à n'en former qu'un.

Usages. Pour savoir si les deux demi-bourgeons, ainsi réunis, ne produiraient qu'un seul rameau. L'expérience a démontré qu'ils en produisaient chacun un.

La greffe Risso avait pour but de prouver que par son moyen on obtenait des orangers dits hermaphrodites, qui donnaient des fruits formés de côtes alternatives de citrons et d'oranges. Ce fait n'est point encore prouvé.

Dénomination. En l'honneur de M. A. Risso, naturaliste, l'un des auteurs de l'*Histoire naturelle des Orangers*, ouvrage très-recommandable.

IV. Greffe (Juge Saint-Martin) *d'une plaque d'écorce qui ne recouvre qu'une partie de la plaie du sujet.*

Opération. Sur une plaie quadrangulaire pratiquée sur le sujet, poser une plaque de même forme ou de forme différente, de manière qu'entre cette plaque et l'écorce du sujet il y ait de tous côtés un espace où l'aubier paraisse à nu. (*Voyez l*, fig. 104, pl. 8.)

Usages. Cette greffe avait pour but de prouver que la coïncidence des écorces était inutile ; mais il est certain que toutes les fois que l'opération réussit, c'est qu'il se forme un bourrelet, qui réunit, au moins sur quelques points, l'écorce du sujet et celle de la greffe.

Dénomination. En l'honneur de M. JUGE SAINT-MARTIN, inventeur de cette greffe, et auteur de plusieurs ouvrages estimés sur l'économie rurale et le jardinage.

V. Greffe (MUSTEL) *en écusson, au moyen d'une plaque d'écorce de figure ronde, ovale ou anguleuse, au milieu de laquelle se trouve un œil à bois.*

Synonymie. G. *à emporte-pièce.* DUHAM., Traité des Arb. fruit., t. 1, p. 67, pl. 1re, fig. 4, let. *i* et *t*.

Opération. Enlever avec un ciseau ou un emporte-pièce une plaque d'écorce sur un vieux sujet; se servir du même outil ou du greffoir pour lever le gemma à greffer (*Voyez g*, 3e sect., pl. 7, fig. 82); le poser dans l'entaille pratiquée sur le sujet, et fermer les bords de la plaie avec de la cire molle.

Usages. Pour placer des écussons sur des vieilles tiges ou branches dont l'écorce, gercée, ligneuse et épaisse, ne permet pas l'emploi de la pratique ordinaire.

La greffe Mustel est peu employée ; cependant il est des cas où elle l'est avec avantage ; ce sont ceux où l'écorce est trop épaisse ou trop cassante pour être levée facilement. C'est elle qu'on doit préférer lors-qu'on veut greffer en écusson une vieille tige de quenouille ou une grosse branche d'espalier dégarnie de rameau. On la connaît vulgairement sous le nom de greffe par emporte-pièce. On se sert pour la pratiquer ou d'un instrument particulier qu'on nomme emporte-pièce, ou d'un ciseau de menuisier, ou d'une gouge.

Dénomination. A la mémoire de feu M. MUSTEL, propriétaire, cultivateur d'arbres étrangers à Rouen, et auteur du *Traité théorique et pratique de la Végétation*, publié en 1781. Cet ouvrage renferme d'utiles observations.

VI. Greffe (POEDERLÉ) *en écusson dénué de bois.*

Synonymie. G. *en écusson à œil sans bois.* DUHAM., Phys. des Arb., tome 2, p. 73, alinéa 4, pl. 12, fig. 107.

Opération. Lever sur un rameau un écusson à la manière ordinaire; couper ensuite avec le greffoir tout le bois qui se trouve sous l'écorce, et ne laisser que le corculum du gemma (*Voyez i'*, 3e sect, pl. 7, fig. 87.)

Le poser ensuite dans l'incision faite sur le sujet *i*, même figure.

Usages. Propre à greffer les arbres étrangers, et particulièrement ceux à bois dur, tels que les orangers, les myrtes, les houx, etc.

Comme le bois ne se soude jamais avec le bois, la greffe Poederlé, dans laquelle on n'en laisse pas, est la meilleure de toutes, même la seule de ce genre qui réussisse sur les bois durs, tels que l'oranger, le houx, etc. Aussi est-elle préférée dans les pépinières d'arbres étrangers et rares; mais en ôtant la petite portion d'aubier qu'on a enlevée des rameaux, on risque de blesser le point vital (*corculum*) qui sert d'union entre lui et la greffe, et par là de faire manquer l'opération. Cet inconvénient est d'autant plus à craindre que la greffe est moins en sève.

Dénomination. En l'honneur de M. POEDERLÉ l'aîné.

VII. Greffe (LENORMAND) *en écusson, sous l'œil duquel se trouve une légère couche d'aubier.*

Synonymie. G. *en écusson boisé.* OLIV. DE SERRES, t. 2, p. 364, col. 2, lig. 7. — *G. en écusson*, 1re sorte. CAB., Traité de la Greffe, page 30.

Opération. Laisser sous le milieu de l'écusson une légère lame d'aubier, dans le tiers de son étendue. (*Voyez j*, 3e sect., pl. 7, fig. 85.)

Le poser ensuite entre l'écorce et l'aubier du sujet *i*, fig. 87, pl. 7.

Usages. Les arbres fruitiers à noyau et à pepins s'écussonnent de cette manière dans les grandes pépinières de Paris et des environs.

Elle ne diffère de la précédente que parce qu'on laisse une très-mince couche d'aubier sur le *corculum*.

Dénomination. A la mémoire de l'estimable famille LENORMAND, qui a dirigé avec distinction la culture du jardin potager de Versailles, depuis La Quintinie jusqu'à la fin du règne de Louis XV.

VIII. Greffe (d'Ourche) *en écusson carré, avec aubier et bois.*

Opération. Enlever au sujet *k* (3e sect., pl. 7, fig. 83), un demi-cylindre de bois, en formant deux hoches, l'une à la partie supérieure, l'autre à la partie inférieure de la plaie.

Enlever à l'arbre que l'on veut multiplier un demi-cylindre de même dimension (*Voyez k'* même fig.) que celui que l'on a ôté à l'autre arbre, et tailler les deux extrémités en biseau, de manière qu'il puisse remplir exactement la plaie du sujet.

Elle n'a point encore été pratiquée au Muséum.

Cette greffe a été figurée par M. d'Ourche, son inventeur, vol. 8, page 364, de la nouvelle série des *Annales d'Agriculture.* Elle peut être substituée avec avantage, dans quelques cas, aux greffes Claude Richard et Roger Schabol.

Dénomination. Du nom de M. le comte D'OURCHE, inventeur de cette greffe, et auteur de plusieurs ouvrages sur les irrigations et sur des cultures agrestes.

IX. Greffe (COLOMBÉ) *en écusson, au moyen d'un œil placé sur un arbre à l'endroit où l'on a enlevé un autre œil.*

Synonymie. G. *selon Virgile,* du baron TSCHUDY.

Opération. Enlever au sujet un bourgeon par une

incision triangulaire (*Voyez i*, 1re sect., pl. 5, fig. 42);
tailler sur l'arbre que l'on veut propager un autre
bourgeon *i″* en coin, et l'insérer dans l'ouverture pratiquée sur le sujet.

Quand le bois du scion est plus petit que celui de la
tige qu'on veut greffer, on opère comme on le voit au
point *i″*.

Usages. Recommandée pour les hêtres, les charmes,
les peupliers, les érables.

La greffe Colombé est une des plus utiles pour la multiplication de grands arbres à bois très-dur.

Dénomination. Du nom de la propriété dans laquelle
M. Tschudy pratique annuellement cette greffe avec
succès.

X. Greffe (SICKLER) *en écusson sur les racines et à
œil poussant.*

Synonymie. G. en écusson sur racine à la pousse.
CAB., Essai sur la greffe, page 51, alinéa 1er.

Opération. Découvrir des racines traçantes, de la
grosseur du doigt environ;

Les greffer en écusson au printemps, et laisser la place
des yeux découverte.

L'année suivante, lorsque les greffes ont poussé, séparer les racines de leur souche : elles forment de nouveaux individus. (Voyez *l*, 3e sect., pl. 7, fig. 88.)

Usages. Propre à multiplier des arbres rares qui
n'ont pas de congénères sur lesquels on puisse les greffer avec sûreté pour la réussite.

Dénomination. En l'honneur de SICKLER, auteur du

Journal des Jardiniers allemands, ouvrage en 22 vol. in-8°, qui renferme beaucoup de faits utiles aux progrès du jardinage et de l'économie rurale.

XI. Greffe (JOUETTE) *en écusson, avec suppression de la tête du sujet pour faire pousser sur-le-champ le gemma.*

Synonymie. G. *en écusson à œil poussant.* DUHAM, Phys. des Arb. t. 2, p. 72.—*G. en écusson à la pousse.* CAB., Essai sur la greffe, page 35.

Opération. Tailler et poser un écusson à la manière ordinaire.

On choisit le moment de la sève du printemps, et on coupe la tête au sujet; mais du reste elle ne diffère pas par le mode d'opérer des greffes Poederlé ou Lenormand. Il est utile que les boutons employés soient moins en sève que les sujets ; c'est pourquoi on coupe quelques jours d'avance les rameaux qui les portent et on les enterre à moitié dans une cave, dans une serre à légumes, ou simplement contre un mur exposé au nord. Beaucoup d'espèces d'arbres reçoivent mieux cette greffe, qui est généralement appelée à *œil poussant*, que celle à œil dormant, et elle fait gagner une année. En conséquence on l'emploierait de préférence à toutes les autres si elle ne nécessitait pas la suppression de la tête du sujet, suppression qui expose lorsqu'elle manque, à perdre ce sujet, ou à attendre deux ou trois ans au moins qu'il se soit fait une nouvelle tige.

Dans cette sorte de greffe, il serait avantageux de

laisser une des deux brindilles le plus près possible de l'œil, afin d'y attirer la sève, car la suppression complète des branches retarde toujours la pousse de cet œil, et quelquefois le retard est si long, que le bourgeon s'éteint.

Usages. Propre, lorsqu'elle est exécutée au printemps, à hâter la jouissance d'une année.

D'un succès peu certain dans les climats froids, lorsqu'elle est exécutée à la sève d'août.

Dénomination. A la mémoire de GERMAIN JOUETTE, pépiniériste à Vitry-sur-Seine, où il s'est occupé, l'un des premiers, de la culture des arbres étrangers, qui s'y trouvent actuellement très-multipliés.

XII. Greffe (VITRY) *en écusson, pratiquée avec un gemma, qui ne doit développer son bourgeon qu'au printemps suivant.*

Synonymie. G. en écusson à œil dormant. DUHAM., Phys. des Arb., t. 2, p. 73 et 75, pl. 12, fig. 105, 106 et 107.

Opération. Placer l'écusson à la manière ordinaire, mais à l'époque de la sève d'août ;

Laisser au sujet sa tête le reste de l'année, et ne la supprimer qu'au printemps suivant, si la greffe est vivante.

Usages. Elle retarde la jouissance, mais l'assure davantage.

Elle laisse subsister en entier les sujets dont la greffe n'a pas repris, et ne les empêche pas d'être greffés la saison suivante.

On appelle généralement greffe à œil dormant celle que nous avons nommée greffe Vitry. Cette greffe est une des plus usitées, parce que, comme nous l'avons dit plus haut, lorsqu'elle manque on ne perd pas la tige du sujet, qui peut en recevoir une autre dès le printemps suivant. Elle n'expose donc qu'à un retard au plus d'un an, et elle est une des plus faciles et des plus sûres. Il est rare que dans les pépinières de Vitry, par exemple, il n'en réussisse pas neuf sur dix.

Dénomination. Nom d'un village des environs de Paris, où cette greffe est presque exclusivement employée pour la multiplication des arbres fruitiers, et où il s'en effectue, chaque année, plusieurs milliers.

XIII. Greffe (DESCEMET) *en écusson double, ou multiple, sur le même sujet.*

Synonymie. G. *en écusson à plusieurs entes.* OLIV. DE SERRES, t. 2, p. 365, col. 2, lig. 38.

Opération. Placer deux écussons opposés (*Voyez m*, 3ᵉ sect., pl. 7, fig. 89) ou un plus grand nombre sur un sujet, et par les mêmes procédés que pour les greffes Jouette et Vitry.

Usages. Pour multiplier les chances de la réussite sur des arbres étrangers délicats, et pour produire des arbres d'un port très-pittoresque dans les jardins paysagistes. Les frênes pleureurs, les cytises, les robiniers se greffent ainsi.

Dénomination. A la mémoire de M. DESCEMET, jardinier du Jardin de pharmacie de Paris, vers le milieu du siècle dernier ; homme habile dans son art, et père d'une nombreuse famille de cultivateurs et de botanistes distingués, qui ont contribué à la multiplication des arbres étrangers en France.

XIV. Greffe (Schnewoogt) *en écusson, à incision faite en sens inverse, de la manière ordinaire.*

Synonymie. G. *en écusson, en sens inverse.* Cab., Essai sur la greffe, p. 31, alin. 3. — G. *en écusson, en sens opposé.* Et. Calvel, des Arbres pyramidaux, p. 78, alin. 1er, fig. 6, lett. *d, c.*

Opération. Donner à l'écusson la forme d'un triangle dont le sommet se trouve au-dessus de l'œil, au lieu de se trouver au-dessous, comme dans la greffe en écusson ordinaire. (*Voyez n°, 3e sect., pl. 7, fig. 90 bis.*)

Inciser l'écorce du sujet *n* en forme de L, pour recevoir l'écusson. Pl. 7, fig. 90.

Usages. Propre à assurer la réussite des greffes d'arbres très-abondants en sève gommeuse.

Employée à Hyères et à Gênes, pour greffer les diverses espèces d'orangers.

On pourrait l'essayer avec espérance de succès sur les arbres résineux.

Il y a des avantages et des inconvénients à pratiquer la greffe Schnewoogt. Les bourgeons sont moins sujets à se noyer de sève ou de gomme ; mais ils manquent souvent lorsque la sève est peu abondante, ou se suspend avant que la greffe soit complètement soudée. Les pépiniéristes des environs de Paris en font très-rarement usage ; mais on dit qu'elle est fréquemment employée à Gênes sur les orangers.

Dénomination. A la mémoire estimable de Schne-woogt, fleuriste à Harlem, auteur d'un *Traité sur la Jacinthe et sa culture.* Cet ouvrage est très-utile aux cultivateurs de ce beau genre de plantes.

XV. Greffe (KNOOP) *en écusson, à œil tourné par la pointe vers la terre.*

Synonymie. G. à rebours. AGRICOLA, Agric. parf., part. 1re, p. 182, fig. 6. — *G. en écusson renversé.* ROGER SCHABOL, Prat. du Jard., t. 1, p. 79.

Opération. Faire sur le sujet l'incision comme pour la greffe SCHNEWOOGT, ou à la manière ordinaire.

Poser l'écusson, la pointe de l'œil tournée vers la terre. (*Voyez o*, 3e sect., pl. 7, fig. 86.)

Usages. Pour obliger (disait-on) les bourgeons à croître dans une direction différente de celle dans laquelle ils croissent ordinairement ; et afin d'accélérer la fructification des greffes, et de leur faire produire de plus gros fruits. D'un usage très-limité, parce qu'elle remplit mal sa destination. Les bourgeons se redressent et ne donnent pas de fruits plus précoces ou plus gros que s'ils avaient été greffés en écusson ordinaire.

Dénomination. A la mémoire de JEAN HERMAN KNOOP, jardinier hollandais, auteur d'une *Pomologie,* ou description des meilleurs fruits cultivés en Europe;

ouvrage orné d'un grand nombre de figures exactes ; et publié à Lemwarde en 1756.

XVI. Greffe (JANSEIN) *en écusson, de plusieurs variétés différentes sur le même arbre.*

Synonymie. Entes au bout des branches. OLIV. DE SERRES, Théâtre d'Agr., tome 2, page 371, col. 1re, alinéa 1er.

Opération. Elle se pratique en fente par le procédé de la greffe Atticus, et le plus souvent en écusson par celui de la greffe Jouette ou Vitry.

Usages. On l'emploie pour se procurer, sur le même arbre, des fruits de différentes formes, de diverses couleurs, et qui mûrissent les uns après les autres.

Il arrive fréquemment que les personnes qui sont dépourvues d'expérience en jardinage veulent pratiquer la greffe JANSEIN. Elle réussit souvent ; mais il est rare qu'elle dure longtemps, parce que les diverses espèces, et même les diverses variétés de la même espèce ont une époque et une force différentes de végétation, et que la greffe la plus précoce ou la plus vigoureuse fait mourir toutes les autres. On peut cependant, au moyen d'une taille intelligente, retarder la perte de ces dernières.

Dénomination A la mémoire de M. DE JANSEIN, propriétaire, cultivateur d'arbres étrangers de pleine terre. Il en avait réuni la collection la plus nombreuse qui existât alors (1778), dans son vaste jardin des Champs-Élysées, à Paris.

XVII. Greffe (DUROY) *en écussons, faits successivement sur le même arbre, avec des gemma fournis par sa dernière pousse.*

Synonymie. Entes sur entes. OLIV. DE SERRES, Théâtre d'Agr., t. 2, p. 338, col. 1re, ligne 1re. Vulgairement, *greffes sur greffes.*

Opération. On l'effectue en fente ou en écusson, et quelquefois simultanément des deux manières.

La greffe en fente se pratique au printemps comme la greffe ATTICUS.

La greffe en écusson à la sève d'août, de la même manière que la greffe VITRY.

On répète chaque année ces opérations, en employant toujours des scions ou gemma de la dernière pousse, pris sur la partie supérieure du même arbre.

Usages. Plusieurs agronomes de l'antiquité, et dans les temps modernes OLIVIER DE SERRES, DUHAMEL, MILLER, ROZIER, et beaucoup d'autres auteurs, ont prétendu que les *greffes sur greffes* hâtaient la fructification, augmentaient le volume des fruits et les rendaient plus suaves. Pour constater un fait aussi important, on a greffé depuis plusieurs années, dans l'école d'agriculture du Muséum, un sauvageon de poirier sur lui-même. Cet arbre ne nous a, jusqu'à présent, donné des fruits que dans sa partie inférieure : la question n'est donc pas encore résolue ; mais déjà on peut s'apercevoir que les feuilles des rameaux greffés les plus récemment sont les plus larges, et que ces rameaux ont moins d'épines que ceux de la partie inférieure : c'est déjà beaucoup.

Dénomination. En l'honneur de M. Duroy, physiologiste, l'un des directeurs des forêts en Prusse, et auteur de plusieurs ouvrages, dont quelques-uns traitent de l'économie forestière.

XVIII. Greffe (Lambert) *composée de celles en écusson et en fente par scions.*

Synonymie. G. *composée.* Duham., Mémoires de l'Académie des Sciences de Paris, t. 55, p. 502.

G. *composée.* Et. Calvel, Traité des Pépin., t. 2, p. 101, alinéa 1er, pl. 2, fig. 7.

Opération. Planter à 6 décimètres (2 pieds) l'un de l'autre deux sauvageons d'une longue existence ; les greffer, par gemma, en espèce domestique à fruit parfumé et très-sucré. (*Voyez* 1 et 2, p, 3e sect., pl. 7, fig. 93.)

Greffer par approche longitudinale les deux bourgeons qui naîtront des gemma des écussons (*Voyez* 2.)

Les bourgeons bien soudés, leur couper la tête, les fendre en travers et poser dans la fente que l'on vient de pratiquer, le scion d'un arbre domestique à fruit d'un gros volume, insipide et sans parfum. (*Voyez* 3, même figure.)

Le procédé proposé par Duhamel est un peu différent, quoique tendant au même but. C'est de greffer sur un poirier sauvageon un coignassier ; sur celui-ci une épine, sur celle-ci un néflier, et sur ce dernier un poirier de bon-chrétien.

Usages. Pour savoir si le mélange des sèves et des sucs propres de différents arbres ne modifierait pas la saveur des fruits, et ne pourrait pas produire de nouvelles races domestiques dont les fruits seraient préférables à ceux que nous possédons.

L'expérience seule pouvait détruire cette opinion : elle en a démontré la fausseté.

Dénomination. En l'honneur de M. LAMBERT, botaniste anglais, à qui la sience est redevable d'une belle Monographie de la belle et utile famille des arbres résineux à fruits en cônes.

XIX. Greffe (MAGNEVILLE) *en écusson, avec une double incision en manière de chevron brisé au-dessous de la greffe.*

Synonymie. G. *des arbres résineux.* Mémoires de la Société d'Agr. de Paris, ann. 1785, trimestre d'été, page 39.

G. *des arbres verts.* ÉT. CALVEL, Traité des Pépin., t. 2, p. 99, pl. 1, fig. 7, lett. t. *b, c.*

Opération. Faire à la tige d'un jeune sujet *q* (3e sect., pl. 7, fig. 91) une incision en forme de *t*, comme pour la greffe Vitry ; former à 4 ou 5 mill. (3 lignes) au-dessus de la barre du *t* une double incision, en manière de chevron brisé, qui coupe l'écorce jusqu'à l'aubier dans la largeur d'un millimètre.

Lever sur l'arbre qu'on veut multiplier un écusson

ordinaire, l'introduire dans la plaie du sujet et ligaturer la greffe.

Usages. La très-ingénieuse greffe Magneville a été imaginée pour greffer les arbres résineux les uns sur les autres ; mais elle peut aussi être employée pour les arbres gommeux, et même pour tous les arbres qui ont une sève surabondante. La double plaie qu'elle offre a pour objet de donner un écoulement au suc propre (la résine ou la gomme) qui s'opposerait à la reprise de la greffe.

Lorsqu'on pratique cette greffe sur les arbres résineux, il faut employer un bouton développé, c'est-à-dire en état actuel de végétation ; et l'ombrager pendant plusieurs jours.

Dénomination. A la mémoire de MAGNEVILLE, cultivateur, propriétaire aux environs de Caen. Il a naturalisé dans ses possessions beaucoup d'arbres étrangers, qui depuis se sont multipliés dans son département, et il a été l'inventeur de cette greffe en 1784.

XX. Greffe (SINTARD) *en écusson, couvert par une plaque d'écorce d'un autre arbre.*

Synonymie. Enté en écusson couvert. OLIV. DE SERRES, t. 2, p. 366, col. 2, lig. 2.

Opération. Faire au sujet deux incisions, comme pour la greffe Vitry, et y poser l'écusson de la même manière.

Luter avec de la cire molle toutes les scissures de l'incision, et couvrir la partie opérée d'une plaque d'écorce prise sur un autre arbre, percée à l'endroit où se trouve le bourgeon de l'écusson et maintenue par une ligature. (*Voyez r*, 3ᵉ sect., pl. 7, fig. 92.)

Usages. D'une pratique trop minutieuse pour être employée à la multiplication en grand, mais recommandable pour des espèces rares et délicates.

Dénomination. A la mémoire de SINTARD, jardinier en chef du Jardin des Plantes de Paris, au commencement du siècle dernier. Il employait utilement cette greffe pour multiplier les rosiers d'Alexandrie.

XXI. Greffe (ARISTOTE) *en écusson carré, placé sur un sujet dont l'écorce rabaissée le recouvre à moitié.*

Synonymie. Ente en écusson, autre sorte. OLIV. DE SERRES, Théât. d'Agr., t. 2, p. 366, col. 2, alinéa 1ᵉʳ, et même tome, p. 399, col. 2, alinéa 1ᵉʳ.

Opération Faire trois incisions à l'écorce du sujet, l'une horizontale, et deux autres latérales et parallèles, de manière que l'on puisse rabaisser l'écorce ainsi coupée. (*Voyez a*, 3ᵉ sect., pl. 7, fig. 96.)

Tailler une plaque d'écorce munie d'un bon œil, qui puisse recouvrir exactement la plaie faite au sujet ; relever ensuite l'écorce abaissée, en recouvrir l'écusson jusqu'au-dessous de son bourgeon, luter les scissures et ligaturer le tout.

Usages. Fort en usage du temps d'Olivier de Serres, pour greffer les bonnes espèces d'oliviers sur l'olivier sauvage ; mais abandonnée depuis, parce qu'elle est d'une pratique longue et minutieuse.

Aristote recommande la greffe à laquelle nous avons donné son nom pour la multiplication des bonnes variétés d'oliviers ; mais la greffe Vitry la remplace avec avantage : on en fait plus d'usage.

Dénomination. A la mémoire d'ARISTOTE, philosophe macédonien, qui a traité de plusieurs branches de l'économie rurale, et particulièrement de la vigne et de l'olivier, arbre auquel cette greffe est plus particulièrement destinée.

XXII. Greffe (SENNEBIER) *en écusson, par portion d'yeux terminaux.*

Opération. A défaut de gemma latéraux, on peut fendre en deux ou en quatre parties égales des yeux terminaux (*Voyez b*, 3ᵉ sect., pl. 7, fig. 95), et greffer chacune de ces parties, soit à œil poussant, soit à œil dormant, en des incisions en T, pratiquées sur de jeunes sujets.

Usages. Addition utile aux moyens ordinaires de multiplication, pour des arbres rares, à gemma écailleux et surtout pour ceux à branches opposées.

Dans un moment où l'on manque de rameaux propres à fournir des yeux pour greffer, on peut se servir des gemma terminaux, les fendre en quatre, et par ce moyen se procurer de quoi effectuer un pareil nombre de greffes. Les pavia, le marronnier à fleurs rouges, les frênes américains, réussissent très-bien par la greffe SENNEBIER.

Dénomination. A la mémoire de SENNEBIER, physiologiste génevois du siècle dernier, qui a enrichi la physique végétale de plusieurs découvertes utiles aux progrès de l'agriculture.

XXIII. Greffe (BUTRET) *en écusson d'espèces de même genre ou même famille, qui diffèrent par la durée du feuillage, ou les époques du mouvement de leur sève.*

Synonymie. G. *Liebaut.* Nouv. Cours d'Agr,, t. 6, page 525, n° 18. *Vulgairement G. hétéroclites.*

Opération. Sur un sujet qui perd ses feuilles chaque année, greffer un arbre du même genre, dont le feuillage est permanent; et *vice versâ.*

Placer sur un arbre dont la sève se met tard en mouvement, une espèce de même genre qui entre en sève plus tôt.

Greffer sur une espèce à sève douce et insipide une autre espèce dont le suc est âcre et corrosif.

Usages. Pour prouver qu'il ne suffit pas de greffer l'un sur l'autre des arbres de même famille, de même genre et de même espèce, pour obtenir une réussite complète; mais qu'il faut encore que les mouvements de la sève ascendante et descendante, ainsi que les qualités des sucs propres, soient à peu près les mêmes; sans cela ces greffes, mal assorties, périssent en peu d'années.

Dénomination. A la mémoire de feu M. BUTRET, cultivateur.

XXIV. Greffe (Bosc) *de feuilles, en manière d'écusson.*

Opération. Choisir de jeunes sujets dans le plein de leur sève ; faire à leurs tiges des incisions en forme de T, et proportionnées à la grosseur des pétioles qu'elles doivent recevoir ;

Prendre sur des espèces congénères, peu en sève, des feuilles parvenues au quart, au tiers, à la moitié de leur grandeur ; les séparer de leurs arbres avec leur pédicule dans toute sa longueur, et son appendice, mais sans gemma. (*Voyez d,* 3ᵉ sect., pl. 7. fig. 100.)

Poser ces greffes dans les incisions faites aux sujets, et placer ceux-ci sur une couche tiède couverte d'un châssis ombragé, sous lequel sera entretenue une atmosphère vaporeuse, humide et chaude, pendant la reprise des greffes.

Usages. Pour savoir, 1º si les feuilles reprendront sur des espèces voisines, ce qui est probable ; 2º si elles se refuseront de vivre sur des sujets disgénères ; 3º si ces feuilles produiront dans leurs aisselles des gemma comme si elles n'eussent point quitté leur pied naturel ; 4º de quelle nature seront les bourgeons qui se développeront de ces gemma ; 5º et enfin si ces gemma existent dans la graine, et ne font que se développer par l'acte de la végétation, ou s'ils sont produits chaque année par les feuilles des végétaux.

Ces faits bien constatés, que l'opération réussisse ou non, seront toujours des expériences utiles.

La greffe Bosc est une des plus difficiles à faire réussir; elle a pour objet d'éclaircir plusieurs points de physique végétale encore douteux et très-importants à déterminer : aussi en recommandons-nous la pratique à la sagacité des amateurs de culture.

Dénomination. En l'honneur de M. Bosc, voyageur, naturaliste et cultivateur distingué, l'un des principaux rédacteurs des Dictionnaires d'Histoire naturelle et d'Agriculture. Ce savant se propose de faire cette utile, mais délicate expérience. Elle ne pouvait tomber en meilleures mains pour donner des résultats utiles aux progrès de la science.

IIᵉ SÉRIE.

GREFFES EN FLUTE.

Pour faire ces sortes de greffes , on choisit d'un côté le sujet plein de sève, et on lui enlève un anneau d'écorce de 27 millim. (1 pouce) de large au moins et de 45 millim. (2 pouces) de long au plus ; de l'autre, un rameau de la même année ou de l'année précédente, également bien en sève, qui ait exactement le diamètre du sujet, et un ou plusieurs yeux. Sur ce dernier on enlève un anneau d'écorce, on le met de suite à la place de celui du sujet et on fait la ligature. Tantôt cet anneau est entier , tantôt il est coupé en biseau d'un côté, tantôt il est fendu dans sa longueur.

Dans cette opération, il faut apporter beaucoup d'attention pour ne pas toucher au bois du sujet dépouillé de son écorce, pour ne pas enlever le Cambium (1) qui en sort. On doit éviter également de greffer, par la même raison, pendant la pluie ou un hâle desséchant ou un soleil trop ardent. Dès qu'elle est terminée, on couvre les plaies d'onguent de Saint-Fiacre ou de poix, ou de tout autre Englument (1). Souvent aussi on l'entoure d'une poupée composée de mousse et d'argile, en faisant attention de laisser libre l'œil ou les yeux qu'on a en vue de faire pousser.

Si le tuyau d'écorce était trop large pour toucher par tout le bois du sujet, il n'y aurait pas d'inconvénient à lui enlever une lanière longitudinale.

Si, au contraire, il était trop étroit, il faudrait y ajouter une lanière prise sur la même branche, portant, s'il se pouvait, un œil.

On fait principalement usage de la greffe en flûte pour quelques espèces d'arbres à bois dur, tels que les noyers, les châtaigniers, etc. Il est des lieux où elle est en grande faveur. On la pratique rarement aux environs de Paris, parce qu'elle exige beaucoup plus de temps et de précautions que les greffes en fente et en écusson; mais elle est plus solide qu'elles.

SORTES.

I. Greffe (Jefferson) *en flûte, sans couper la tête du sujet, à sève descendante et à œil dormant.*

Synonymie. G. par anneau d'écorce. Duham., Phys. des Arb., tome 2, p. 72, alinéa 2.

(1) Voyez ces mots : *Nouveau Cours d'Agriculture du* xixe *siècle,* 16 vol. in-8°. Prix : 56 fr., à la *Librairie Encyclopédique de Roret,* rue Hautefeuille, 12.

Opération. Enlever sur l'arbre que l'on veut multiplier, un anneau d'écorce *e'*, 3° sect., pl. 7, fig. 98, muni d'un ou deux yeux, en le fendant perpendiculairement sur l'un de ses côtés ;

Enlever au sujet un anneau d'écorce sans yeux, et de pareille dimension. (*Voyez e,* même figure.)

Poser l'anneau de la greffe sur le sauvageon, auquel on laisse sa tête et ses branches, et *vice versâ*, l'anneau retiré du sauvageon sur l'arbre qui a fourni la greffe.

Cette greffe s'effectue vers le déclin de la sève d'août.

Usages. Elle ne compromet pas l'existence des sujets, si elle ne reprend pas, et elle ne mutile pas le *porte-greffe*, puisque sa plaie est recouverte par l'écorce du sauvageon.

Propre à multiplier des arbres rares à bois dur, dans les genres des chênes, des noyers et des châtaigniers américains.

Dénomination. En l'honneur de M. Thomas Jefferson, ci-devant président des Etats-Unis de l'Amérique, savant agronome, auquel l'agriculture doit l'un des plus utiles perfectionnements de la charrue, dont il a repris le manche en quittant les rênes de l'Etat qu'il a gouverné avec tant de sagesse.

II. Greffe (Sifflet) *en flûte, pratiquée au moyen d'un anneau d'écorce enlevé à un arbre et placé sur un autre, en coupant le sommet de la partie greffée.*

Synonymie. G. en écusson en sifflet. Duham., Phys. des Arb., tome 2, p. 91, alinéa 1er, pl. 12, fig. 101, 102, 103 et 104.

G. par juxta-position ou en flûte. Rozier, Dict. d'Agr., t. 5, p. 352, col. 2, alin. 1er, pl. XI, fig. 12.

Opération. Couper l'extrémité de la tige ou de la branche que l'ont veut greffer ; enlever au-dessous de la coupe un anneau d'écorce de 27 à 81 mill. (1 à 3 pouces) de long. (*Voyez f*, 3e sect., pl. 7, fig. 102.)

Choisir la branche qui doit fournir la greffe de même diamètre que le rameau que l'on veut greffer ; enlever par le gros bout un tuyau d'écorce un peu moins long que la plaie faite au sujet. (*Voyez f*, pl. 7, fig. 102 *bis.*)

Ajuster ce tuyau à la place de l'anneau enlevé, et le faire coïncider exactement par le bas avec l'écorce du sujet ; réduire en charpie la surface du bois dénué d'écorce qui reste au-dessus de la greffe, et luter les scissures.

Usages. Presque uniquement employée dans quelques départements de la France pour greffer les noyers, châtaigniers, mûriers, figuiers et autres arbres fruitiers à pepins et à noyaux.

On pratique plus fréquemment la greffe Sifflet que la précédente, quoiqu'elle ait plus d'inconvénients relativement au sujet. C'est à la première sève montante qu'elle s'exécute. Il est des cantons à châtaigniers où toutes les années on en effectue beaucoup, chaque pied en recevant un grand nombre, quelquefois plus de cent. Là, on porte les rameaux à la maison, où on enlève leur écorce par anneaux, qu'on remet de suite en place ; et ce n'est que lorsqu'on en a ainsi préparé assez pour le service d'une demi-journée, qu'on les porte dans la châtaigneraie, et qu'on les pose.

Dénomination. Nom sous lequel elle est connue dans une grande partie de la France.

III. Greffe (DE PAN) *en flûte, par l'amputation de la tête ou des branches du sujet, et à œil dormant.*

Synonymie. G. en chalumeau. CAB., Princ. de la Greffe, page 42, alinéa 4.

Opération. Celle-ci ne se distingue de la précédente qu'en ce qu'elle s'effectue à la deuxième sève, avec des gemma produits par la première sève de la même année, tandis que la greffe en sifflet se pratique avec des yeux de l'année précédente.

Usages. Rarement employée dans la pratique ordinaire, mais pouvant être utile pour varier les chances de réussite dans la multiplication des arbres étrangers à bois très-dur.

Dénomination. Cette greffe imitant le chalumeau dont se servent les bergers dans leur musique champêtre, et dont les poètes attribuent l'invention au dieu PAN; on lui a donné le nom de ce dieu.

IV. Greffe (DE FAUNE) *en flûte, à plusieurs yeux alternes, posée en supprimant la tête des parties greffées, et lacérant leurs écorces.*

Synonymie. G. *en flûte.* DUHAM, Phys. des Arb., t. 2, p. 72, pl. 12, fig. 104.

Opération. Cette sorte se distingue par la longueur de son tuyau, qui peut être d'un décimètre (3 pouces 9 lignes) et porter quatre ou cinq yeux, et en ce que l'écorce du sujet, au lieu d'être supprimée à la place que doit occuper la greffe, est divisée verticalement en quatre ou cinq lanières (fig. *g*, 3e sect., pl. 7, fig. 103), que l'on rabat vers la terre et que l'on relève sur la greffe lorsqu'elle a été placée ; ensuite on coupe l'écorce et le bois du sujet en bec de flûte au-dessus du dernier œil de la greffe.

Usages. Moins employée par les pépiniéristes que par les cultivateurs d'arbres étrangers, pour diverses espèces de végétaux rares à bois dur.

Elle offre, par sa longueur et le nombre de ses yeux, un plus grand nombre de chances pour la réussite que les autres sortes de cette série ; mais elle est moins facile à exécuter.

Les circonstances qui distinguent la greffe FAUNE des précédentes, sont : 1° la longueur de son tuyau, qui peut avoir 10 à 13 cent. (4 à 5 pouces), et porter trois à quatre yeux ; 2° l'écorce du sujet qui, au lieu d'être supprimée dans toute la partie destinée à recevoir la greffe, est coupée en quatre ou cinq lanières longitudinales, et rabattue sur la greffe lorsque cette dernière est posée.

Les cultivateurs d'arbres étrangers trouvent de l'avantage à préférer cette greffe dans quelques cas.

Dénomination. Nom des dieux rustiques auxquels on attribue l'invention de la flûte des bergers, avec laquelle cette greffe a de la ressemblance.

IIIe SÉRIE.

GREFFES DISGÉNÈRES.

Je donne ce nom à des greffes placées sur des sujets de genre, de famille et de classes différents de celles des arbres desquels elles ont été tirées.

Les historiens et les poètes de l'antiquité ont écrit, et quelques modernes ont répété et répètent encore, sur la foi les uns des autres plus que sur leurs propres expériences, que toute greffe peut reprendre sur quelques arbres que ce soit, pourvu que leur écorce se ressemble.

Le résultat des expériences nombreuses que nous avons faites, et que nous continuons tous les ans pour l'instruction des personnes qui suivent notre cours, prouve évidemment que si quelqu'une de ces greffes semble réussir d'abord, toutes périssent plus ou moins promptement. Ces expériences, nous les avons variées sous toutes les formes, à toutes les époques de l'année, sur un nombre considérable de sujets. Si nous n'en offrons pas ici le détail au public, c'est qu'elles n'intéressent en aucune manière le cultivateur. Les physiologistes les trouveront dans le grand travail que nous préparons sur les procédés de la culture.

QUATRIÈME SECTION

ET DERNIÈRE.

GREFFES DES PARTIES HERBACÉES DES VÉGÉTAUX, OU GREFFES TSCHUDY.

C'est à M. le baron de Tschudy que l'agriculture est redevable des greffes qui composent cette section. Elles se distinguent de toutes celles des sections précédentes, en ce qu'elles s'effectuent au moyen de bourgeons encore herbacés des arbres, des plantes vivaces et même des plantes annuelles.

La théorie de l'exécution de cette section de greffes consiste à faire coïncider les parties incisées du sujet et de la greffe, de manière à établir entre leurs fibres le parallélisme le plus exact possible ; à les placer dans les parties où le fluide séveux est le plus abondant, telles que l'extrémité des plumules dans quelques circonstances, des bourgeons terminaux dans d'autres cas, et enfin dans le voisinage des gemma le plus souvent ; de ligaturer assez fortement les parties opérées, pour que les fibres ligneuses du sujet, en se durcissant, ne puissent pas, par leur écartement, se séparer de la greffe, et enfin de les abriter des rayons du soleil pendant les premiers jours de leur confection.

Lorsque les opérations sont terminées, on abandonne les greffes à elles-mêmes pendant quelques jours, puis on enlève les bourgeons inférieurs qui se trouvent sur la tige du sujet. Bientôt après on supprime le gemma de la feuille nourrice, et lorsque le bourgeon inséré se prolonge d'une manière sensible (vers le trentième jour), on desserre la ligature et l'on serre de nouveau l'appareil avec une lanière de papier et un fil de laine, plutôt pour contenir que pour contraindre les parties.

Les usages de cette section de greffes sont très-multipliés et fort importants pour la multiplication des végétaux. Les arbres verts résineux, que l'on avait jusqu'à présent regardés comme très-difficiles à greffer, se sont prêtés avec la plus grande facilité à ce nouveau genre de greffe. Les arbres à bois très-dur, tels que les noyers, les chênes, les hêtres, etc., etc., ont donné des résultats aussi satisfaisants ; enfin, les plantes annuelles, bisannuelles et vivaces sont peut-être, depuis les expériences de M. de Tschudy, les plus faciles à multiplier par la voie des greffes.

Cette section se compose de quatre séries formées par M. de Tschudy ; savoir : la première, les greffes propres aux *unitiges*, tels que les pins, les sapins, les mélèzes, les cèdres, arbres dont la tige centrale seule s'élève verticalement, tandis que les branches latérales décrivent toutes, avec cette tige, des angles plus ou moins ouverts, à mesure qu'elles reçoivent par la croissance une augmentation de poids. Ces dernières n'ont, pour ainsi dire, qu'une existence tributaire, et ne peuvent tendre à la verticalité.

La seconde renferme les arbres *omnitiges*, tels que la vigne et autres sarmenteux, dans lesquels la force vitale d'accroissement est également répartie dans tous les bourgeons.

La troisième contient les *multitiges*, ou les végétaux chez lesquels cette même force vitale d'accroissement est susceptible de se diviser et de se transporter, pour ainsi dire, sur telle tige que l'on veut. Dans ce cas sont la plupart des arbres estivaux de nos climats.

Enfin, la quatrième et dernière série réunit les greffes des végétaux herbacés, vivaces, bisannuels et annuels.

Tableau des Greffes qui composent la section quatrième.

CARACTÈRE ESSENTIEL. — Greffes des parties herbacées des végétaux. Greffes Tschudy.

Ire SÉRIE.

GREFFES DES UNITIGES.

Il est important de remarquer que ceux des arbres verts dont M. *Tschudy* a formé la division des unitiges, ne prennent pas leur accroissement de la même manière que les arbres qui perdent leurs feuilles annuellement. En effet, dit cet auteur, ces derniers se prolongent exclusivement par le faisceau d'herbes terminales : lui seul marche vers l'élévation, laissant derrière lui une feuille lorsqu'il en est temps, et portant ainsi successivement la dernière feuille près du sommet d'une tige qui a toujours marché exclusivement par son extrémité.

Le bourgeon d'un pin ou d'un sapin, au contraire, se prolonge par tous les points de sa surface cylindrique.

Il résulte de là que si l'on coupait trop tôt la tige centrale herbacée d'un pin, et qu'on insérât une greffe sur le sommet de cette tige, cette dernière, en prenant son accroissement, détruirait le parallélisme, et par conséquent l'union que l'on a tâché d'établir entre les parties incisées de la greffe et du sujet.

Il faut donc attendre que la tige herbacée des unitiges soit parvenue aux deux tiers de son développement : alors les feuilles inférieures auront pris leurs distances. On coupera la partie de la tige verte où les feuilles, pressées l'une sur l'autre, annoncent un retard dans l'action du prolongement, et on greffera sur ce sommet, où l'on peut se promettre l'immobilité nécessaire.

Greffe (d) d'un rameau terminal herbacé d'un unitige, sur le rameau terminal herbacé et tronqué d'un autre unitige.

Opération. Couper horizontalement la tête du sujet *d* (*Voyez* 1re sect., pl. 5, fig. 37); dépouiller de feuilles la place où l'on veut greffer; former une incision triangulaire propre à recevoir le rameau terminal *d'*, pl. 5, fig. 37 bis. Quand la greffe est de même diamètre que le sujet, on doit avoir recours au procédé indiqué pour la greffe *Huart*. (*Voyez* 2e sect., pl. 7, fig. 72.)

Usages. Ces deux greffes sont applicables aux pins, sapins et mélèzes. Elles peuvent également être employées pour beaucoup d'arbres estivaux.

Par la première de ces greffes, on parvient à multiplier les grands arbres résineux toujours verts aussi
facilement qu'on propage les arbres fruitiers par la
greffe en écusson. De plus, cette nouvelle métho
fournit de nouveaux moyens de naturalisation et rend
les arbres étrangers plus rustiques, en les plaçant sur
des systèmes de racines moins délicats sur le choix des
terrains et moins sensibles aux froids.

IIe SÉRIE.

GREFFES DES OMNITIGES.

Il a déjà été dit que dans ces arbres la force vitale
d'accroissement était également répartie sur tous les
bourgeons ; c'est-à-dire, suivant les propres expressions
de M. *Tschudy*, que si une tige s'élève verticalement, elle n'usurpe pas une prééminence, et que si elle
tombe au-dessous de la ligne horizontale, elle ne lan-
guit pas par défaut d'élévation. On peut donc greffer la
vigne et les autres omnitiges sur chacun de leurs bourgeons.

Cette série ne contient qu'une greffe, qui s'effectue
sur la vigne par le procédé de la greffe *f*, que je vais
décrire dans la troisième série.

La seconde, qui appartient à la troisième section de
ce genre de multiplication, et que nous avons nommé
G. *Colombé*, est plus particulièrement recommandable
pour la propagation des espèces ou variétés étrangères
et rares des hêtres, des charmes, des érables, des peupliers. Elle est plus facile à effectuer et plus sûre

que les autres sortes d'entes, parce que se trouvant alimentée par la sève montante et par la sève descendante, sa réussite a une double chance.

IIIe SÉRIE.

GREFFES DES MULTITIGES.

Dans tous les arbres de cette série abandonnés à eux-mêmes, quelques branches sont toujours beaucoup plus fortes et ont plus de tendance à dominer que les autres. On aurait tort de greffer sur des tiges faibles, qui ne seraient capables de donner que peu de nourriture à la greffe; on aurait même tort, toutes les fois que l'on peut faire autrement, de ne pas supprimer les branches qui pourraient attirer vers elles une partie de la sève destinée à se porter dans la tige greffée pour animer le bourgeon inséré. Aussi, lorsqu'après avoir recepé un arbre, on a obtenu un grand nombre de rejetons, faut-il ne conserver qu'un ou deux de ces rejetons, au plus, pour les greffer. Par ce moyen, la sève, qui n'a point à se partager entre un grand nombre de branches, se porte tout entière au lieu de l'opération, et le succès est assuré.

Greffe (c) par approche d'un bouton naissant avec deux feuilles nourrices.

— *Opération.* Faire au-dessus de deux feuilles deux incisions obliques aux tiges herbacées *ee'* (1re sect., pl. 5, fig. 36), en laissant le bourgeon que l'on se propose de faire végéter ; recouvrir les deux plaies l'une par l'autre, et ligaturer. La greffe doit être reprise au bout de quarante jours.

Usages. On peut faire reprendre, par ce moyen, le chincapin, plusieurs chênes et plusieurs noyers d'Amérique, sur de jeunes plumules provenues de semences en pots.

Au moyen de la troisième espèce, on multiplie assez communément les chênes, les noyers, les châtaigniers américains, parmi lesquels se trouvent le pacanier et le chincapin, dont les fruits, très-bons à manger, manquent à nos vergers agrestes.

Greffe (*f*) *par incision oblique, simple, soulevant une feuille.*

Opération. Couper horizontalement le sujet *f* (1re sect., pl. 5, fig. 39) à 27 millimètres (1 pouce) environ au-dessus du pétiole de la feuille qui précède le faisceau terminal ; former, à partir de l'aisselle de cette feuille, une incision oblique de 27 millimètres (1 pouce) ou 41 millimètres (1 pouce 1/2) de long, et qui se termine au centre de la tige ; tailler la greffe *f* en coin, de manière qu'elle remplisse exactement l'entaille du sujet, et que le bourgeon de la feuille *f* se trouve à la hauteur du bourgeon du sujet *f*.

Usages. Le procédé employé pour effectuer la quatrième sorte est applicable à toutes les plantes annuelles et à tous les arbres estivaux, mais particulièrement à ceux dont les fibres ligneuses sont assez flexibles pour ne pas exiger de trop fortes ligatures. Les arbres fruitiers rosacés, les peupliers, les saules, les tulipiers, les tilleuls, etc., etc., sont dans ce cas. La vigne reprend plus difficilement par ce procédé, parce que son système fibral est d'une grande raideur.

Greffe (g) *d'une tige d'un diamètre beaucoup plus petit que celui du sujet.*

Opération. Fendre le sujet g (1re sect., pl. 5, fig. 40) de manière que l'extrémité du greffoir arrive jusqu'au bourgeon du pétiole g; à partir de ce point, former, en baissant la main, une incision oblique dont la profondeur diminue de plus en plus vers la partie inférieure; former une seconde incision qui coupe à angle droit la première, et qui s'arrête à la hauteur du bourgeon g. Tailler le scion g' en lame de couteau, et l'unir au sujet de manière que les deux bourgeons soient à la même hauteur.

La seconde incision dont il vient d'être question a pour but d'empêcher l'écartement des fibres qui pourrait nuire à la reprise de la greffe.

Usages. Les mêmes que la précédente.

Au moyen de la cinquième sorte, on parvient à faire réussir les greffes des mêmes espèces d'arbres que ceux indiqués dans l'article précédent, sur des sujets plus âgés et plus ligneux; mais l'opération est un peu plus longue à effectuer et non moins sûre. Aussi les frênes, les lilas, les galilliers, les viornes, les pavia reprennent-ils très-aisément par ce procédé.

Greffe (*h*) *de végétaux à feuilles opposées.*

Opération. Faire au sujet une incision triangulaire dont le sommet soit au centre de la tige; y insérer un scion taillé en coin prolongé, de manière que les deux bourgeons de ce scion forment un verticille avec ceux du sujet. (*Voyez h*, 1re sect., pl. 5, fig. 41.)

Usages. Propre aux arbres à feuilles opposées.

IVe SÉRIE.

GREFFES DES PLANTES VIVACES, BISANNUELLES ET ANNUELLES.

Plus l'existence d'un végétal est courte, et plus ordinairement sa croissance est rapide et vigoureuse, plus il a de force vitale active (1). Voyez avec quelle lenteur s'élèvent, pendant les premières années, les grands arbres dont la durée est de plusieurs siècles; remarquez, au contraire, avec quelle rapidité s'accroit

(1) *Force vitale active.* Voici un fait qui prouve d'une manière bien concluante que les arbres peuvent, pendant un certain temps, cesser de végéter sans cesser pour cela de jouir de la propriété végétative : l'une des dernières années du siècle précédent, nous envoyâmes à M. *Demidoff*, propriétaire dans les environs de Moscow, plusieurs paquets d'arbres fruitiers; un de ces paquets tomba par hasard jusqu'au fond d'une glacière, où il fut oublié. Vingt et un mois après, des ouvriers le retirèrent : les arbres furent plantés à tout hasard, et ils reprirent aussi bien que ceux qui avaient été mis en terre dès leur arrivée.

une plante annuelle. On dirait que, dans ce dernier cas, la nature se hâte, parce qu'il faut qu'elle produise en une seule saison ce qu'elle ne produit pour les arbres qu'en un laps plus ou moins considérable d'années (1). Aussi les végétaux annuels jouissent-ils beaucoup plus que les plantes vivaces, et à plus forte raison que les arbres, de la propriété de cicatriser promptement une plaie. Voilà pourquoi les greffes des plantes annuelles reprennent avec une très-grande facilité et en très-peu de temps.

Les soins que l'on doit accorder aux greffes des plantes annuelles sont moins assujettissants encore que ceux que nécessitent les arbres. Ici l'on peut, sans crainte, supprimer tous les bourgeons du sujet.

La seule précaution à prendre, précaution qui n'est pas indispensable, c'est d'abriter la greffe de l'aspect immédiat des rayons solaires, en enveloppant d'une feuille les parties opérées.

Greffe (1) d'un artichaut sur chardon lancéolé.

Opération. Tailler en lame de couteau la tige de la greffe près de sa racine, et l'insérer dans une fente

(1) Jamais la nature ne cesse un seul instant de tendre vers un but principal, la conservation et la multiplication des espèces qu'elle a créées : le besoin de parvenir à ce but est tellement puissant, qu'il la fait quelquefois dévier de sa marche ordinaire. Le *réséda ægyptiaca*, par exemple, est une plante annuelle ; cependant, si l'on retranche ses boutons à fleurs à mesure qu'ils paraissent, il continue de vivre, il s'élève en arbrisseau, devient bisannuel, et quelquefois trisannuel si, la seconde année, on le prive encore des boutons qui doivent produire les graines.

pratiquée sur le sujet en face d'une feuille. (*Voyez l*, 1re sect., pl. 6, fig. 43.)

Cette opération se fait la seconde année, avant la floraison.

'Greffe (*m*). *Tomates sur pommes de terre.*

Opération. Elle est la même que pour la greffe précédente.

Elle s'opère au mois de mai. (*Voyez m*, 1re sect., pl. 6., fig. 44.)

Usages.« Si en greffant des tomates sur pommes de terre (c'est M. Tschudy qui parle), on parvient à obtenir une récolte égale à deux, à doubler un jour l'héritage du pauvre, il restera encore à examiner si le sol ne sera pas épuisé dans une mesure égale à deux.

» La nature nous permet de lui imposer de douces contraintes : j'avoue que celle-ci est un peu forte. Ne précipitons pas notre jugement, et continuons à marcher vers un but aussi désirable, afin d'en mesurer avec précision les avantages et les inconvénients. »

Greffe (*n*) *d'un melon sur tige de concombre.*

Opération. Lorsque le melon est parvenu à la grosseur d'une noix, coupez la tige à 41 mill. (1 pouce 1/2) au-dessous de l'insertion du pédoncule; taillez en coin cette section de tige, et introduisez ce coin dans une incision oblique antérieurement pratiquée, en posant la pointe de l'instrument dans l'aisselle d'une feuille que vous aurez soulevée. (*Voyez n*, 1re sect., pl. 6, fig. 45.)

Nota. La figure *n* n'est pas tout-à-fait exacte, parce qu'elle a été dessinée sur une greffe qui n'avait pas été exécutée entièrement selon les principes indiqués plus haut. L'incision faite au sujet devrait commencer au point où la feuille s'unit à sa tige de la même manière que dans la figure *f*.

Usages. En greffant sur concombres à différentes époques, depuis le mois de mai jusqu'au mois de juin, M. TSCHUDY a obtenu, en 1819, des fruits de melon depuis le 15 septembre jusqu'au mois de novembre, et ces fruits furent trouvés *meilleurs* que ceux qui étaient venus sur leurs propres pieds.

Les trois dernières sortes composant la quatrième et dernière série des greffes TSCHUDY ne sont que des modifications de la même espèce ; ou , pour mieux dire, des applications du même mode de greffe. Leur résultat a pour but de transformer des espèces sauvages, quelquefois nuisibles, en variétés cultivées et utiles dans les usages économiques. Ces procédés offrent une nouvelle carrière à la multiplication d'une série de plantes qui, si elle se propage aisément par ses graines, ne perpétue pas toujours les variétés et les races perfectionnées par une longue culture. Les cucurbitacées, et plusieurs autres familles de plantes, sont dans ce cas, et l'on peut espérer que ce nouveau procédé donnera par la suite des résultats très-importants : par exemple, elles nuisent au grossissement des fruits, mais elles les rendent plus savoureux. Le melon sur la courge est principalement dans ce cas.

Nous devons dire un mot de quelques sortes de greffes que nous avions présentées dans la première édition (1). Nous les avions placées au rang des greffes, sur la foi des auteurs qui les avaient signalées comme telles ; mais après les avoir exécutées un grand nombre de fois et suivi leurs résultats, nous nous sommes convaincu qu'elles ne font pas partie de ce genre de multiplication, mais bien de plusieurs autres procédés fort différents de ceux de la greffe. Les unes sont des marcottes, quelques autres des semis, et enfin de véritables plantations. Ce sont :

1o La greffe *Columelle*, pl. 4, fig. 25 et 25 bis, qui, d'après des expériences répétées, ne nous a offert qu'une marcotte, établie au moyen d'une branche d'olivier sur la coupe de la tête d'un figuier, laquelle se trouve enterrée de quelques pouces. Cette branche a poussé des racines au moyen desquelles elle a maintenu son existence par ses propres organes, et sans tirer aucune substance du figuier qui lui servait de sujet.

2o La greffe *Noisette*, pl. 6. fig. 65, n'est qu'une bouture de plantes succulentes établie sur un *cactus opuntia*. Les tiges de *crassula*, *de sedum*, de *cotylédon*, et de *cactus flagelliformis* et *parasiticus*, implantées à la manière d'une greffe sur ce sujet, ont vécu pendant un an et demi ; mais elles ont dépéri successivement, et n'ont soutenu leur existence qu'au moyen de mamelons charnus et de petites racines qui se sont

(1) *Cours d'Agriculture* de Deterville, 16 vol. in-8o. Prix : 56 fr., à la *Librairie Encyclopédique* de Roret, rue Hautefeuille, 12.

implantées dans la substance de la feuille de l'*opuntia*, et qui se sont étendues même à l'extérieur pour puiser dans l'air la partie aqueuse nécessaire au maintien de leur faible végétation. Ainsi, c'est bien une bouture qui a été effectuée par cette opération, seulement celle-ci a été pratiquée sur une tige vivante, tandis que les autres s'effectuent dans de la terre : les résultats sont les mêmes.

3° Il en est à peu près de même de la greffe que nous avions nommée *nébuleuse*, pl. 7, fig. 94, vantée par les anciens cultivateurs et indiquée par Olivier de Serres pour mélanger et même changer la couleur des fleurs de différents végétaux annuels, vivaces et ligneux. Il suffisait, suivant ces agronomes, d'implanter dans des racines bulbeuses, tubéreuses ou charnues, de jeunes tiges de plantes, pour en obtenir les résultats annoncés avec tant d'assurance ; cependant, depuis plus de vingt ans que nous insérons de jeunes tiges d'œillets, d'amaranthes, de capucines doubles, de seneçon élégant, de giroflée jaune, de graines de différentes espèces, et beaucoup d'autres, sur des racines de morelle tubéreuse, des hélianthes, des iris, des bryones, etc., nous n'obtenons chaque année, comme nous nous y attendions, que des boutures qui poussent des racines de la partie où elles sont enterrées, lorsqu'elles reprennent, sans que jamais leurs fleurs changent la couleur qui leur est affectée par la nature.

4° La soi-disant greffe *Bonnet* ou de semences dans la moelle, est un véritable semis, pl. 7, fig. 101, qui s'effectue au moyen de semences ou de leur germe séparé de ses cotylédons : placées sous l'écorce de plantes annuelles très-aqueuses ou dans la colonne médullaire d'arbres abondants en sève, ces graines lèvent quelquefois, poussent faiblement et périssent très-fréquemment après avoir langui pendant quelques mois. Mais si elles rencontrent un tronc caverneux qui soit rempli d'humus par la décomposition du corps ligneux intérieur et des particules terreuses charriées par les vents, les semences lèvent, les plantes prospèrent, leurs tiges remplissent quelquefois le vide du tronc, et forment à son orifice un bourrelet qui imite, souvent à s'y tromper, celui opéré par une greffe. C'est ainsi que se rencontrent, à la campagne, de prétendues greffes d'arbres non-seulement disgénères, mais même de familles très-éloignées, opérées sur des saules, des ormes, des châtaigniers et des chênes, par des semis de graines transportées par les vents, les oiseaux et quelquefois les hommes. Les semences de bouleau, de saules; les pepins de poires et de pommes sauvages; des glands, des faînes, des érables et des frênes, sont le plus ordinairement les arbres qui contribuent à effectuer ce genre de multiplication.

5° Enfin, la greffe dite *des charlatans*, pl. 7, fig. 97, n'est autre chose qu'une plantation à travers le tronc d'un arbre perforé dans sa longueur jusqu'au-dessous de ses racines. On fait descendre dans ce tronc, et jusqu'au fond de la cavité, un ou plusieurs jeunes sujets munis de bonnes racines que l'on recouvre de terre riche en humus. Ces arbres végètent bientôt avec vigueur, remplissent de leurs tiges la capacité du tronc, se serrent entre eux, et forment à l'orifice supérieur de la cavité un bourrelet qui imite parfaitement celui d'une greffe.

C'est ainsi qu'était disposé (suivant les apparences) le groupe d'arbres que Pline, le naturaliste, observa dans les jardins de Lucullus, à Tiburne, et qu'il décrit dans son Histoire de la nature. Il vit sortir du tronc de cet arbre des branches dont les unes produisaient des poires, des figues, des pommes, des prunes, d'autres des olives, des amandes et des raisins. etc.; mais, ajoute-t-il un peu plus loin, cet arbre merveilleux (qu'il considérait comme le produit de l'art de la greffe) ne vécut pas longtemps et mourut quelques années après qu'il l'eut observé. Ce qui fait croire à la réalité de cette plantation et la rend plus probable, c'est qu'encore aujourd'hui à Gênes, à Florence, à Venise et à Rome, on en trouve d'établis sur le même principe, dont les possesseurs vantent leurs procédés et en font un secret. On voit, dans quelques jardins, des troncs de grenadiers, de citronniers, de myrtes et d'orangers, desquels sortent, au milieu de leurs branches naturelles, tantôt des jasmins, des mogoris, des myrtes à fleurs doubles, des rosiers, et autres arbrisseaux disgénères réunis par ce procédé, que les propriétaires vantent beaucoup et dont ils font mystère. Le plus souvent ces espèces se trouvent seules, mais quelquefois il s'en rencontre dans le même individu plusieurs ensemble de couleurs et de formes de fleurs les plus variées et les plus éclatantes. Nous avons répété la même plantation dans un tilleul et sur un frêne de près de 11 pouces (3 décimètres) de diamètre, qui nous donnent les mêmes résultats qu'a observés Pline dans le jardin de Lucullus. Leurs têtes se composent de branches de pruniers, de noisetiers, d'alisiers, de noyers, de pêchers, de cormiers et de vignes dont les sarments les entrelacent dans toute leur circonférence.

On ne peut pas avec succès greffer des végétaux de même famille, lorsqu'il y a beaucoup de disproportion entre l'accroissement que peuvent prendre les deux individus. Que l'on ente, par exemple, un arbre sur un arbrisseau, il se formera au lieu de l'opération un bourrelet, qui occasionera bientôt la mort de l'un et de l'autre, parce que la sève descendante du premier ne trouvera pas l'issue pour arriver jusqu'aux racines du second (*Voyez m*, fig. 107, pl. 8). Le contraire aura lieu si on greffe un arbrisseau sur un arbre, comme on peut le voir fig. 105 de la même pl. Toutes les fois enfin que la nature des végétaux greffés sera différente, on n'obtiendra aucune réussite durable.

Ces différents exemples établis dans l'Ecole d'agriculture pratique sont destinés à l'instruction des élèves qui suivent le cours de culture, sous les yeux desquels on a cherché à réunir les bonnes, les médiocres, et même les plus vicieuses pratiques, pour leur en démontrer les résultats, afin de les mettre en garde contre les unes, et de leur détailler le mérite des autres.

Nous terminons par quelques indications qui n'ont pas trouvé place dans le cours de cet article.

Certaines espèces d'arbres, certaines variétés de fruits reprennent plus facilement sur certains ou certaines autres. Quelquefois on en peut reconnaître la cause; mais d'autres fois cela n'est pas possible. Ainsi, si l'érable platanoïde ne peut recevoir la greffe des autres espèces de son genre, c'est qu'il est pourvu d'un suc propre laiteux qui indique qu'il a une organisation fort différente de la leur. Ainsi, si le noyer ordinaire ne prend que fort difficilement sur le noyer tardif, ou de la Saint-Jean, il est facile de voir que c'est parce que les sèves ne coïncident pas d'époques.

Mais pourquoi certaines variétés de poirier réussissent-elles mieux sur le coignassier que sur le franc, et d'autres, au contraire, mieux sur le franc que sur le coignassier? C'est à l'observation à nous l'apprendre. Ces anomalies sont fréquentes et font partie de la science pratique des jardiniers, qui seraient exposés à des non-valeurs et même à des pertes, s'ils négligeaient d'y faire attention. Elles ont été généralement indiquées aux articles particuliers des arbres qui les offrent, dans le *Nouveau Cours d'Agriculture* publié par Deterville, et qui se trouve chez Roret, rue Hautefeuille n° 12.

Le pêcher refuse de reprendre sur le prunier, l'abricotier, le pêcher, l'amandier, et réciproquement; ce qui est fort remarquable à raison de l'analogie de ces espèces avec lui.

Cela ne viendrait-il pas de la disposition des fibres de l'écorce de ces arbres? Dans le cerisier, elles sont horizontales, et dans les autres elles sont perpendiculaires aux tiges.

On a observé que les greffes faites sur les vieux arbres pour en changer la variété réussissaient bien plus certainement, lorsque ces vieux arbres avaient été greffés sur franc, que lorsqu'ils l'avaient été sur coignassier ; ce qui est une nouvelle preuve que la greffe affaiblit les sujets.

On doit à M. Sageret l'observation que les greffes faibles, principalement celles qui doivent leur faiblesse au peu de rapport des sèves, périssaient presque toujours quand on les raccourcissait. Ce fait paraît s'expliquer par la difficulté du développement des petits boutons de la base de ces greffes à raison de leur faiblesse.

Il est quelquefois nécessaire de retrancher une partie des jeunes branches des greffes, dans l'intervalle des deux sèves, pour diminuer les suites de l'action des vents de l'automne qui les brisent ou les décollent, mais il est plus sûr de leur donner des tuteurs.

M. D'ourche a souvent assuré la reprise des greffes en écusson des arbres fruitiers, en arrêtant, avec une ficelle, le cours de la sève au-dessus d'elles ; mais ce moyen doit empêcher les bourgeons laissés plus haut d'attirer cette sève, et nuire par conséquent dans certains cas.

Les anciens connaissaient l'importance de la fraîcheur pour la conservation des greffes, puisqu'on voit, dans les *Géoponiques*, qu'ils les mouillaient avec une éponge dans le mois de mai ; mais cette précaution ne peut être nécessaire que dans les climats chauds.

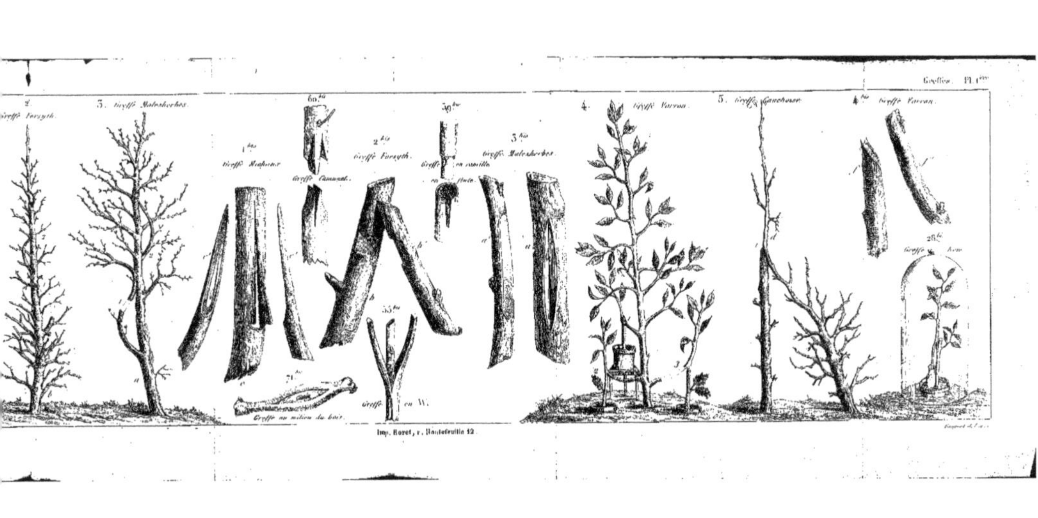

Imp. Roret, r. Hautefeuille 12.

Rouget d. l. s.

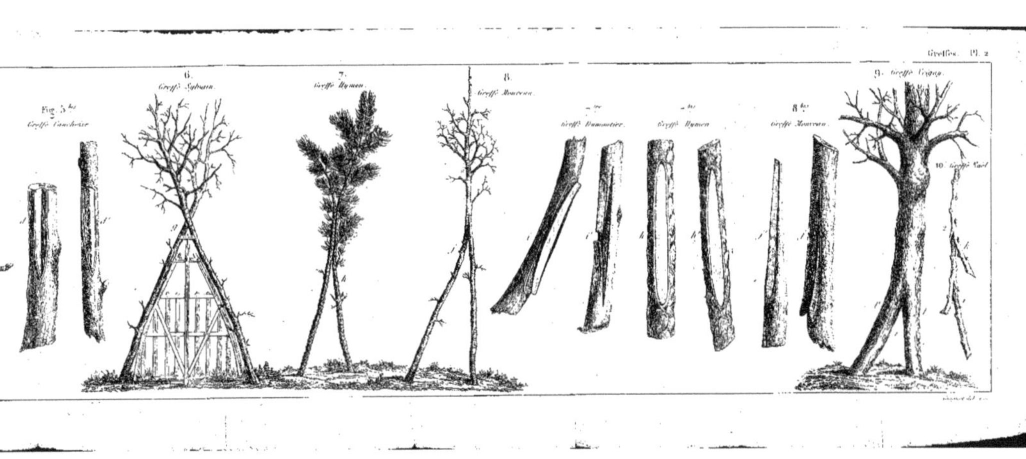

Fig. 5 bis.
Greffe Cauchoise.
6. Greffe Sylvain.
7. Greffe Hymen.
8. Greffe Nouveau.
Greffe Dumoutier.
Greffe Hymen.
8 bis. Greffe Nouveau.
9. Greffe Cujas.
10. Greffe l'œil.

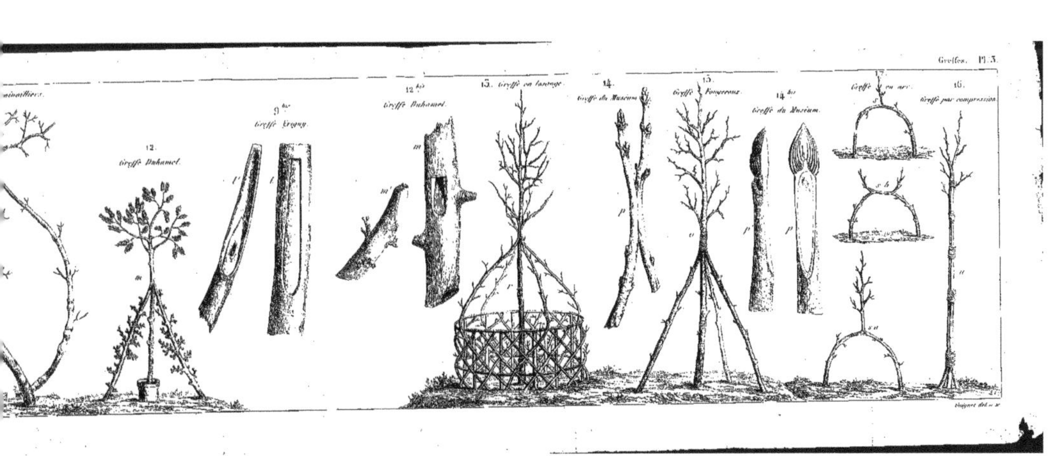

Greffes. Pl. 3.
...minaillères.
12. Greffe Duhamel.
9 bis. Greffe Lecoq.
12 bis. Greffe Duhamel.
13. Greffe en lanière.
14. Greffe du Muséum.
15. Greffe Poiteau.
14 bis. Greffe du Muséum.
17. Greffe en arc.
16. Greffe par compression.
Vauquer del. et sc.

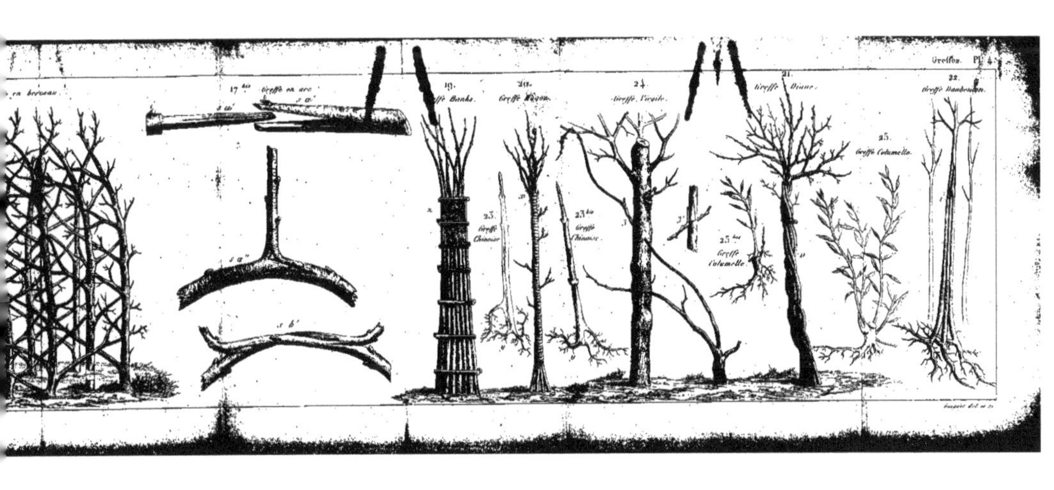

Greffes. Pl. 4.
en berceau.
17 bis. Greffe en arc.
19.
Greffe Banks.
20. Greffe Wagon.
21. Greffe Virgile.
24. Greffe Diane.
22. Greffe Dandonion.
23. Greffe Chinoise.
23 bis. Greffe Chinoise.
25. Greffe Columelle.
25 bis. Greffe Columelle.

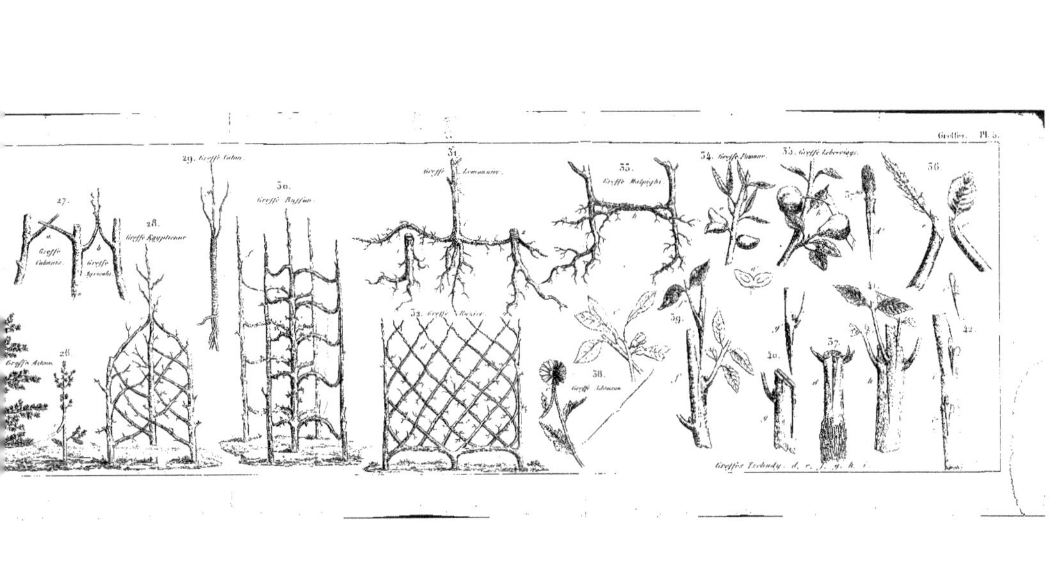

Greffes. Pl. 5.
27.
28.
29. Greffe Caton.
30. Greffe Ruffau.
31. Greffe Lemmonier.
33. Greffe Malpighi.
34. Greffe Pomme.
35. Greffe Leberiage.
36.
39.
Greffes Tschudy.

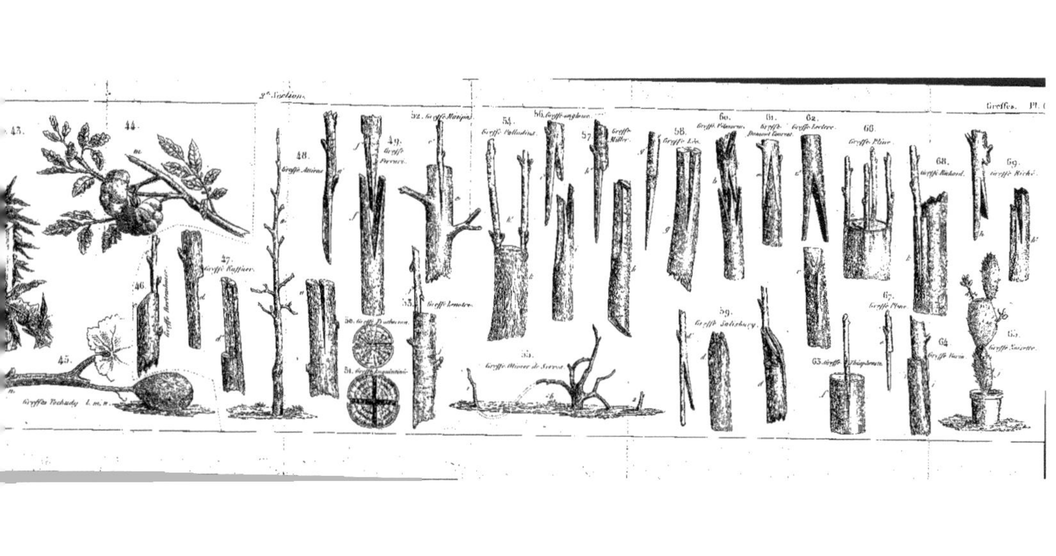

2e Section.
Greffes. Pl.
43.
44.
48. Greffe Attiras
49. Greffe Prevost.
47. Greffe Raffart.
46. Greffe Bertensen.
45.
Greffes Tschudy. l. m. n.
52. Greffe Marquis.
54. Greffe Palladius.
55. Greffe Anglaise.
53. Greffe Lemotre.
50. Greffe Duchesne.
51. Greffe Inquintinie.
55. Greffe Olivier de Serres.
57. Greffe Miller.
58. Greffe Léon.
59. Greffe Salisbury.
60. Greffe Palmeau.
61. Greffe Dumont Courset.
62. Greffe Lectère.
66. Greffe Pline.
63. Greffe Thouin.
64. Greffe Varin.
65. Greffe Noisette.
67. Greffe Pline.
68. Greffe Richard.
69. Greffe Riché.

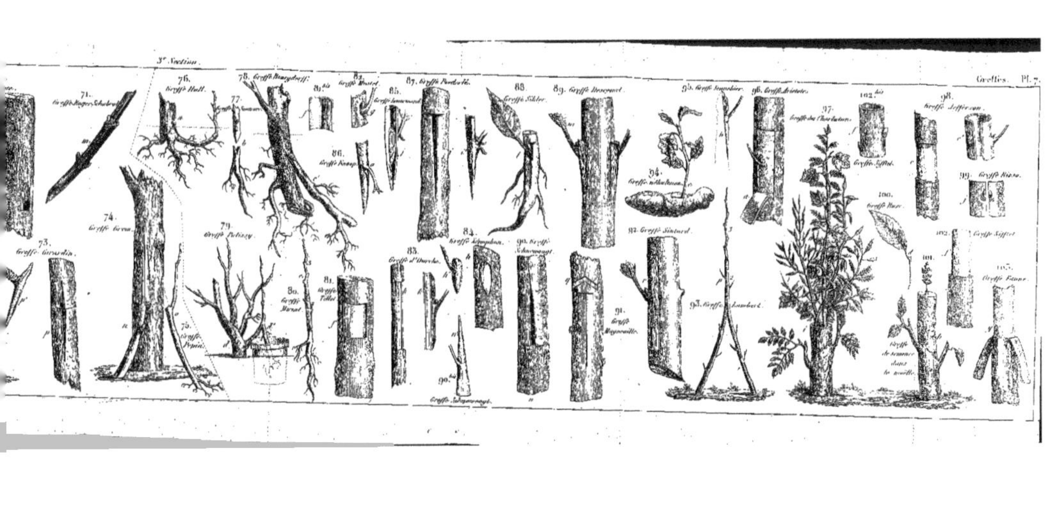

3.e Section.
Greffes. Pl. 7.

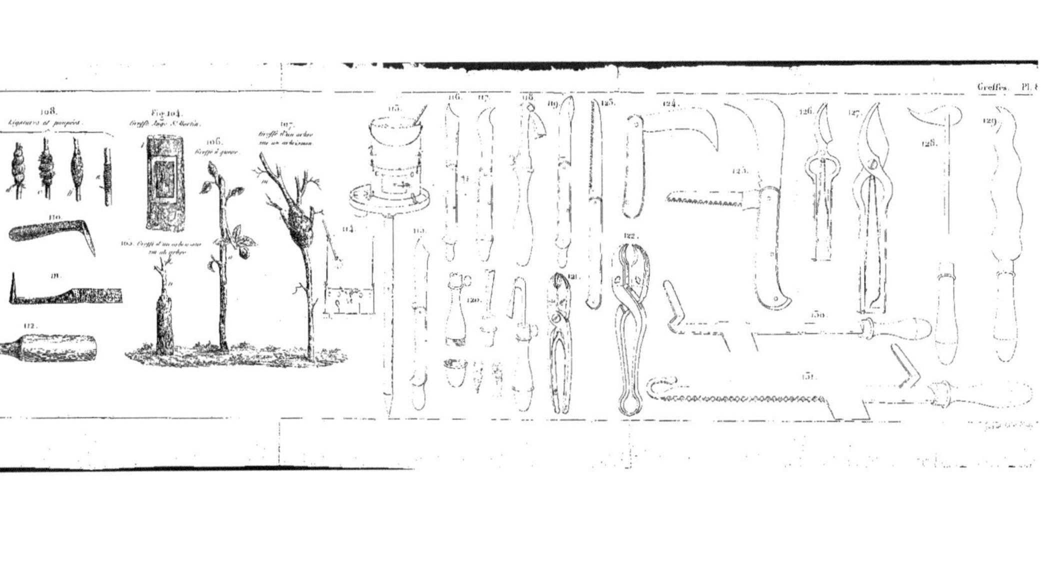
108.
Ligatures et pampres.
Fig. 104.
Greffe Jupe St Martin.
106.
Greffe à queue.
107.
Greffe d'un arbre sur un arbrisseau.
105. Greffe d'un arbre sur un arbre.
110.
111.
112.
105.
116.
117.
118.
119.
123.
124.
126.
127.
128.
129.
125.
122.
120.
121.
130.
131.

GREFFES.

EXPLICATION DES PLANCHES.

PLANCHE PREMIÈRE.

Fig.   1re et 1re *bis.* Greffe Michaux, *c.*
    2 et 2 *bis.*   —   Forsyth, *b.*
    3 et 3 *bis.*   —   Malesherbes, *a.*
    4 et 4 *bis.*   —   Varron, *f.*
    5.   —   Cauchoise, *d.*
    28 *bis.*   —   Kew.
    55 *bis.*   —   en double W.
    59 *bis.*   —   en ramille en flûte.
    60 *bis.*   —   Camuzet.
    71 *bis.*   —   au milieu du bois.

PLANCHE II.

Fig.   5 *bis.* Greffe cauchoise, *d.*
    5 *ter.*   — Bradeley, *e.*
    6.   -   — Sylvain, *g.*
    7 et 7 *bis.* — Hymen, *h.*
    7 *ter.*   — Dumoutier, *i.*
    8 et 8 *bis.* — Monceau, *j.*

Fig. 9. Greffe Vrigny, *l.*
  10.   — Noël, *k.*

PLANCHE III.

Fig. 9 *bis.* Greffe Vrigny, *l.*
  11.   — Deuainvilliers, *n.*
  12 et 12 *bis.* — Duhamel, *m.*
  13.   — en losange, *r.*
  14 et 14 *bis.*   — du Muséum, *p.*
  15.   — Fougeroux, *o.*
  16.   — par compression, *u.*
  17.   — en arc, *s a, s b* et *s.*

PLANCHE IV.

Fig. 17 *bis.* Greffe en arc, *s a', s a''* et *s b'.*
  18.   — en berceau, *t.*
  19.   — Bank's, *z.*
  20.   — Magon, *x.*
  21.   — Diane, *v.*
  22.   — Daubenton, *i.*
  23 et 23 *bis.*   — chinoise, *y.*
  24.   — Virgile.
  25 et 25 *bis.*   — Columelle.

PLANCHE V.

Fig. 26 et 26 *bis.* Greffe Aiton, *c.*
  27   — Cabanis, *a.*
  27 *bis.* — Agricola, *b.*

Fig. 28. Greffe égyptienne, *e*.

29. — Caton, *g*.

30. — Buffon, *f*.

31. — Lemonnier, *i*.

32. — Rozier, *d*.

33. — Malpighi, *h*.

34. — Pomone, *a*.

35. — Leberriays, *b*.

36. — Tschudy, *e*.

37 et 37 *bis*. — Tschudy, *d*.

38. — Adanson, *c*.

39. — Tschudy, *f*.

40. — id. *g*.

41. — id. *h*.

42. — id. *i*.

PLANCHE VI.

43. Greffe Tschudy, *l*.

44. — id. *m*.

45. — id. *n*.

Deuxième section.

46. Greffe Bertemboise, *c*.

47. — Kuffner, *d*.

48. — Atticus, *a*.

49. — Ferrari, *f*.

50. — Trochereau, *l*.

51. — Laquintinie, *m*.

52. — Maupas, *e*.

Fig. 53. Greffe Le Nôtre, *j*.
54. — Palladius, *k*.
55. — Olivier de Serres, *b*.
56. — anglaise, *i*.
57. — Miller, *h*.
58. — Lée, *g*.
59. — Salysbury, *d*.
60. — Vilmorin, *b*.
61. — Dumond de Courset, *a*.
62. — Leclerc, *c*.
63. — Théophraste, *f*.
64. — Varin, *i*.
65. — Noisette, *j*.
66 et 67. — Pline, *e*.
68. — Richard, *k*.
69. — Riché, *h*.

PLANCHE VII.

Fig. 70. Greffe Térence, *l*.
71. — Roger Schabol, *m*.
72. — Huart, *g*.
73. — Girardin, *p*.
74. — Grew, *n*.
75. — Pepin, *o*.

Troisième Section.

Fig. 76. Greffe Hall, *a*.
77. — Saussure, *b*.
78. — Bourgdorff, *c*.
79. — Palissy, *d*.

Fig. 80. Greffe Muzat, *e*.
   81 et 81 *bis*.   —   Tillet, *f*.
   82.   —   Mustel, *g*.
   83.   —   d'Ourche, *k*.
   84.   —   Xénophon, *h*.
   85.   —   Lenormand, *j*.
   86.   —   Knoop, *o*.
   87.   —   Poederlé, *i*.
   88.   —   Sikler, *l*.
   89.   —   Descemet, *m*.
   90 et 90 *bis*.   —   Schnewoogt, *n*.
   91.   —   Magneville, *q*.
   92.   —   Sintard, *r*.
   93.   —   Lambert, *p*.
   94.   —   Nébuleuse, *c*.
   95.   —   Sennebier, *b*.
   96.   —   Aristote, *a*.
   97.   —   des Charlatans, *i*
   98.   —   Jefferson, *e*.
   99.   —   Risso, *j*.
  100.   —   Bosc, *d*.
  101.   —   de semence dans la moelle, *h*.
  102 et 102 *bis*.   —   Sifflet *f*.
  103.   —   Faune, *g*.

PLANCHE VIII.

Fig. 104. Greffe Juge Saint-Martin, *l*.
  105.   —   d'un arbrisseau sur un arbre *n*.
  106.   —   à queue, *o*.
  107.   —   d'un arbre sur un arbrisseau, *m*.

La plupart des instruments figurés dans cet ouvrage ont été gravés sur des modèles fournis par M. ARNHEI-TER, fabricant d'outils pour l'horticulture , place Saint-Germain-des-Prés, n° 9.

C'est donc à cette maison que nous conseillons aux amateurs de s'adresser. Ils y trouveront un choix considérable d'outils de toutes sortes de modèles, perfectionnés d'après les conseils des meilleurs praticiens et propres à tous les usages de l'horticulture.

TABLEAU MÉTHODIQUE DES GREFFES.

SECTIONS	SÉRIES.	SORTES.
Ire PAR APPROCHE.	Ire sur tiges.	1. Malesherbes, fig. 3 et 3 *bis*, pl. 1. 2. Forsyth, fig. 2 et 2 *bis*, pl. 1. 3. Michaux, fig. 1 et 1 *bis*, pl. 1. 4. Cauchoise, fig. 5 pl. 1 et 5 *bis*, pl. 2. 5. Bradeley, fig. 5 *ter*, pl. 2. 6. Varron, fig. 4 et 4 *bis*, pl. 1. 7. Sylvain, fig. 6, pl. 2. 8. Hymen, fig. 7 et 7 *bis*, pl. 2. 9. Dumoutier, fig. 7 *ter*, pl. 2. 10. Monceau, fig. 8 et 8 *bis*, pl. 2. 11. Noël, fig. 10, pl. 2. 12. Vrigny, fig. 9 pl. 2 et 9 *bis*, pl. 3. 13. Duhamel, fig. 12 et 12 *bis*, pl. 3. 14. Denainvilliers, fig. 11, pl. 3. 15. Fougeroux, fig. 13, pl. 3. 16. Muséum, fig. 14 et 14 *bis*, pl. 3. 17. En los. s. tig., fig. 15, pl. 3. 18. En arc, fig. 17, pl. 3 et 17 *bis*, pl. 4. 19. En berceau, fig. 18, pl. 4. 20. Par compression, fig. 16, pl. 3. 21. Diane, fig. 21, pl. 4. 22. Magon, fig. 20, pl. 4. 23. Chinoise, fig. 23 et 23 *bis*, pl. 4. 24. Bank's, fig. 19, pl. 4. 25. Daubenton, fig. 22, pl. 4. 26. Virgile, fig. 24, pl. 4
	IIe sur branches.	1. Cabanis, fig. 27, pl. 5. 2. Agricola, fig. 27 *bis*, pl. 5. 3. Aiton, fig. 26 et 26 *bis*, pl. 5. 4. Rozier, fig. 32, pl. 5. 5. En losanges. 6. Egyptienne, fig. 28, pl. 5 7. Buffon, fig. 30, pl. 5. 8. Caton, fig. 29, pl. 5.

SECTIONS	SÉRIES.	SORTES.
Ire PAR APPROCHE.	IIIe au moyen de l'eau.	1. Kew, fig. 28 bis, pl. 1.
	IVe sur racines.	1. Malpighi, fig. 33, pl. 5. 2. Lemonnier, fig. 31, pl. 5.
	Ve sur fruits.	1. Pomone, fig. 34, pl. 5. 2. Leberriays, fig. 35, pl. 5.
	VIe de feuilles et de fleurs.	1. Adanson, fig. 38, pl. 5.
IIe PAR SCIONS.	Ire en fente.	1. Atticus, fig. 48, pl. 6. 2. Olivier de Serres, fig. 55, pl. 6. 3. En fente en W, fig. 55 bis, pl. 1. 4. Bertemboise, fig. 46, pl. 6. 5. Kuffner, fig. 47, pl. 6. 6. Maupas, fig. 52, pl. 6. 7. Ferrari, fig. 49, pl. 6. 8. Lée, fig. 58, pl. 6. 9. Miller, fig. 57, pl. 6. 10. Anglaise, fig. 56, pl. 6. 11. Anglaise à queue, fig. 106, pl. 8. 12. Le Nôtre, fig. 53, pl. 6. 13. Palladius, fig. 54, pl. 6. 14. De la vigne. 15. Constantin César. 16. Trochereau, fig. 50, pl. 6. 17. Laquintinie, fig. 51, pl. 6.

SECTIONS	SÉRIES.	SORTES.
IIᵉ PAR SCIONS.	IIᵉ *en couronne*	1. Dumont-Courset, fig. 61, pl. 6. 2. Hervy. 3. Pline, fig. 66 et 67, pl. 6. 4. Théophraste, fig. 63, pl. 6. 5. Liébault.
	IIIᵉ *en ramilles.*	1. Huart, fig. 72, pl. 7. 2. Vilmorin, fig. 60, pl. 6. 3. Camuzet, fig. 60*bis*, pl. 1. 4. Leclerc, fig. 62, pl. 6. 5. Salysbury, fig. 59, pl. 6. 6. Riedlé. 7. En ramille en flûte, fig. 59 *bis*, pl. 1. 8. Collignon. 9. Riché, fig. 69 pl. 6. 10. Varin, fig. 64, pl. 6.
	IVᵉ *de côté.*	1. Richard, fig. 68, pl. 6. 2. Térence, fig. 70, pl. 7. 3. Roger Schabol, fig. 71, pl. 7. 4. Au milieu du bois, fig. 71 *bis*, pl. 1. 5. Grew, fig. 74, pl. 7. 6. Pepin, fig. 75, pl. 7. 7. Girardin, fig. 73, pl. 7.
	Vᵉ *par racines.*	1. Hall, fig. 76, pl. 7. 2. Saussure, fig. 77, pl. 7. 3. Guétard. 4. Cels. 5. Bourgdorff, fig. 78, pl. 7. 6. Chomel. 7. Palissy (Bernard), fig. 79, pl. 7. 8. Muzat, fig. 80, pl. 7.

SECTIONS	SÉRIES.	SORTES.
IIIe PAR GEMMA.	Ire en écusson.	1. Tillet, fig. 81 et 81 *bis*, pl. 7. 2. Xénophon, fig. 84, pl. 7. 3. Risso, fig. 99, pl. 7. 4. Juge-St-Martin, fig. 104, pl. 8. 5. Mustel, fig. 82, pl. 7. 6. Poederlé, fig. 87, pl. 7. 7. Lenormand, fig. 85, pl. 7. 8. d'Ourche, fig. 83, pl. 7. 9. Colombé. 10. Sikler, fig. 88, pl. 7. 11. Jouette. 12. Vitry. 13. Descemet, fig. 89, pl. 7. 14. Schnewoogt, fig. 90 et 90 *bis*, pl. 7. 15. Knoop, fig. 86, pl. 7. 16. Jausein. 17. Duroy. 18. Lambert, fig. 93, pl. 7. 19. Magneville, fig. 91, pl. 7. 20. Sintard, fig. 92, pl. 7. 21. Aristote, fig. 96, pl. 7. 22. Sennebier, fig. 95, pl. 7. 23. Botrel. 24. Bosc, fig. 100, pl. 7.
	IIe en flûte.	1. Jefferson, fig. 98, pl. 7. 2. Sifflet, fig. 102 et 102 *bis*, pl. 7. 3. de Pau. 4. de Faune, fig. 103, pl. 7.

SECTIONS.	SÉRIES.	SORTES.	
IVᵉ DES PARTIES HERBAGÉES DES VÉGÉTAUX.	Iʳᵉ des unitiges.	1. (d), fig. 37 et 37 bis, pl. 5.	
	IIᵉ des omnitiges.	1. Voyez f.	
	IIIᵉ des multitiges.	1. (e), fig. 36, pl. 5. 2. (f), fig. 39, pl. 5. 3. (g), fig. 40, pl. 5. 4. (h), fig. 41, pl. 5. 5. (i), fig. 42, pl. 5.	Greffes Tschudy.
	IVᵉ des plantes vivaces, bisannuelles et annuelles.	1. (l), fig. 43, pl. 6. 2. (m), fig. 44, pl. 6. 3. (n), fig. 45, pl. 6.	

TOTAL. . . . . . . 125 Greffes.

TABLE.

FIN DE LA TABLE.

BAR-SUR-SEINE. — IMP. DE SAILLARD.

9 782016 201282